西北民族大学规划教材

兽医临床诊断学实验指导

杨琨 主编

中国科学技术出版社
·北京·

图书在版编目（CIP）数据

兽医临床诊断学实验指导 / 杨琨主编 . -- 北京：中国科学技术出版社，2025.5. --（西北民族大学规划教材）. -- ISBN 978-7-5236-1159-3

Ⅰ. S854.4

中国国家版本馆 CIP 数据核字第 2024H2W683 号

策划编辑	李　洁
责任编辑	齐　放
封面设计	红杉林文化
正文设计	中文天地
责任校对	邓雪梅
责任印制	李晓霖

出　　版	中国科学技术出版社
发　　行	中国科学技术出版社有限公司
地　　址	北京市海淀区中关村南大街 16 号
邮　　编	100081
发行电话	010-62173865
传　　真	010-62173081
网　　址	http://www.cspbooks.com.cn
开　　本	787mm×1092mm　1/16
字　　数	225 千字
印　　张	13.25
版　　次	2025 年 5 月第 1 版
印　　次	2025 年 5 月第 1 次印刷
印　　刷	河北鑫玉鸿程印刷有限公司
书　　号	ISBN 978-7-5236-1159-3 / S·806
定　　价	68.00 元

（凡购买本社图书，如有缺页、倒页、脱页者，本社销售中心负责调换）

前言

随着我国执业兽医制度的推行，参考欧美兽医的培养模式，动物医学专业培养"会看病的兽医师"已逐渐成为国内各大农业院校的普遍共识。"会看病""兽医师"均蕴含着较强的动手实践能力，这是针对过去所培养的动物医学专业学生兽医临床实践能力较差而提出的新目标。要实现该目标，课程教学尤其是实验课程教学必须转变模式。兽医临床诊断学作为动物医学专业的主干课程，是联系专业基础课和兽医临床课的纽带，是兽医由专业理论迈向临床实践的桥梁。可以说没有正确的诊断就没有有效的治疗和预防，也就不可能成为"会看病的兽医师"。因此，兽医临床诊断学的实验教学必须率先改革，进而带动动物医学专业其他核心课程的全面改革。

目录

上篇
动物临床检查

实验一	动物的接近与保定	003
实验二	兽医临床基本检查法	014
实验三	整体状态的检查	021
实验四	体温、脉搏和呼吸数的测定	027
实验五	循环系统的检查	031
实验六	呼吸系统的检查	038
实验七	消化系统的检查（一）	047
实验八	消化系统的检查（二）	059
实验九	瘤胃内容物的检查	066
实验十	直肠检查	069
实验十一	泌尿系统的检查	074
实验十二	生殖系统的检查	080
实验十三	神经系统的检查	084
实验十四	头部与颈部的检查	090
实验十五	脊柱与肢蹄的检查	094
实验十六	猪的临床检查及病例观察	098

实验十七　家禽的临床检查 …………………………………………………… 101

实验十八　水牛的临床检查 …………………………………………………… 104

下篇
常用临床检查仪器和设备

实验十九　临床诊断常用器械及其应用 ………………………………………… 109

实验二十　全自动五分类动物血细胞分析仪的使用 …………………………… 113

实验二十一　静脉血的采集和抗凝 ……………………………………………… 117

实验二十二　白细胞分类计数 …………………………………………………… 122

实验二十三　家禽的血常规检验 ………………………………………………… 128

实验二十四　血清生化指标的测定 ……………………………………………… 131

实验二十五　心电图机的使用 …………………………………………………… 136

实验二十六　血压计的使用 ……………………………………………………… 141

实验二十七　注射与穿刺器具的使用 …………………………………………… 143

实验二十八　灌洗器具的使用 …………………………………………………… 168

实验二十九　动物尿液分析仪的使用 …………………………………………… 174

实验三十　尿比重计和折射仪的使用 …………………………………………… 177

实验三十一　尿液的常规检查（一） …………………………………………… 179

实验三十二　尿液的常规检查（二） …………………………………………… 183

实验三十三　动物彩色多普勒超声诊断仪的使用 ……………………………… 191

实验三十四　X光机的使用 ……………………………………………………… 195

实验三十五　胸腔腹腔穿刺液的检查 …………………………………………… 197

实验三十六　金属探测仪的使用 ………………………………………………… 199

实验三十七　处方的开具与书写 ………………………………………………… 202

上篇
动物临床检查

实验一　动物的接近与保定

实验目的及要求

（1）掌握接近动物的方法，树立人畜安全观念。
（2）掌握几种常见保定绳结的打法，了解不同材质绳索的特性。
（3）掌握牛和马属动物的保定方法，了解其他动物的保定方法。

实验动物

牛、羊、驴或马若干。

实验器材

保定绳、耳夹子、鼻捻子、牛鼻钳、保定栏。

实验内容

一、常用保定绳结

1. 八字解结

如图1-1，八字解结操作简单，易结易解，缺点是不够牢固，仅适用于动物的临时拴系。

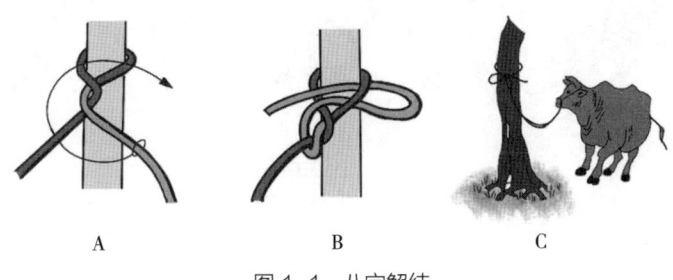

图1-1　八字解结

2. 畜结

畜结（见图1-2、图1-3）应用比较广泛，不仅可以用于动物保定，还可以应用于消防和救灾等领域。该结的要点是一定要紧贴结系物（如畜栏），否则牢固性极差。

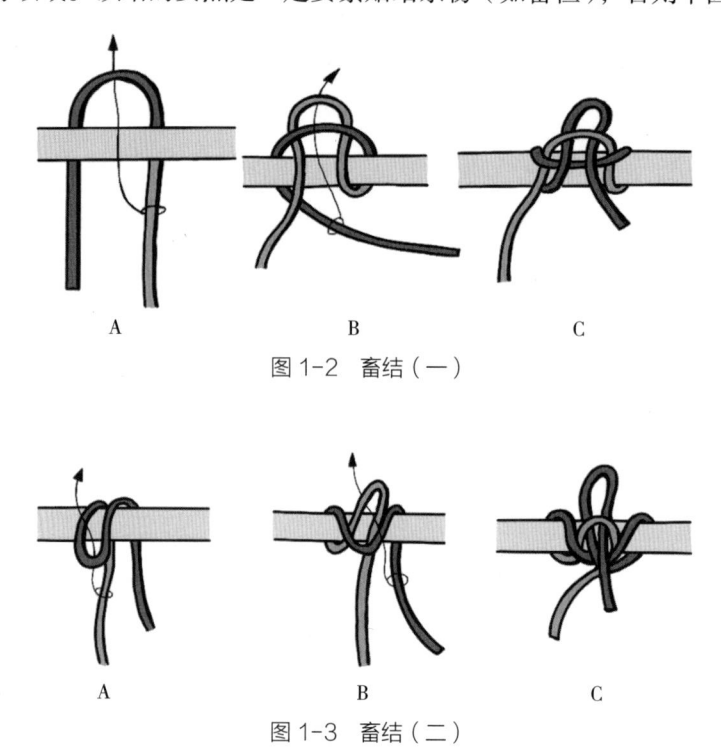

图 1-2 畜结（一）

图 1-3 畜结（二）

3. 套马结

套马结完成后为一活套，越抽越紧，适合于投套动物（见图1-4）。结系该结时，需选择摩擦力较大的绳索，否则容易松散。

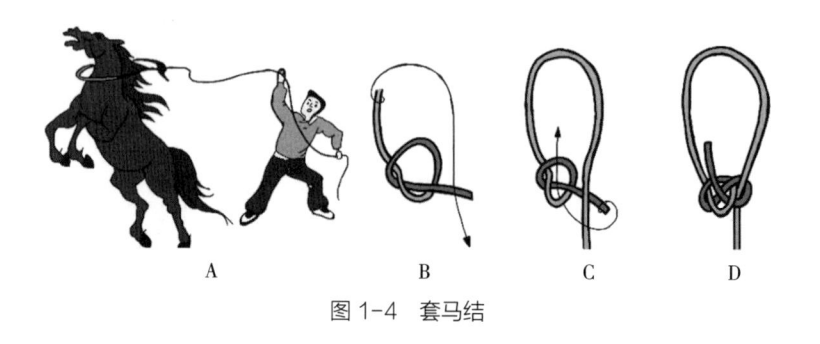

图 1-4 套马结

4. 码头结

码头结（见图1-5）原本应用于码头，工人用来结系固定船只。在畜牧兽医行业，也可用来拴系动物。该结越抽越紧，但要解开时却十分方便。

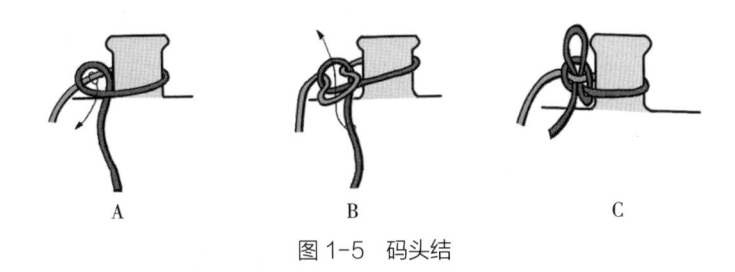

图1-5 码头结

5. 猪蹄结

猪蹄结在兽医临床上应用较广，一般多用于动物肢蹄的保定。该结有多种结法，见图1-6、图1-7。

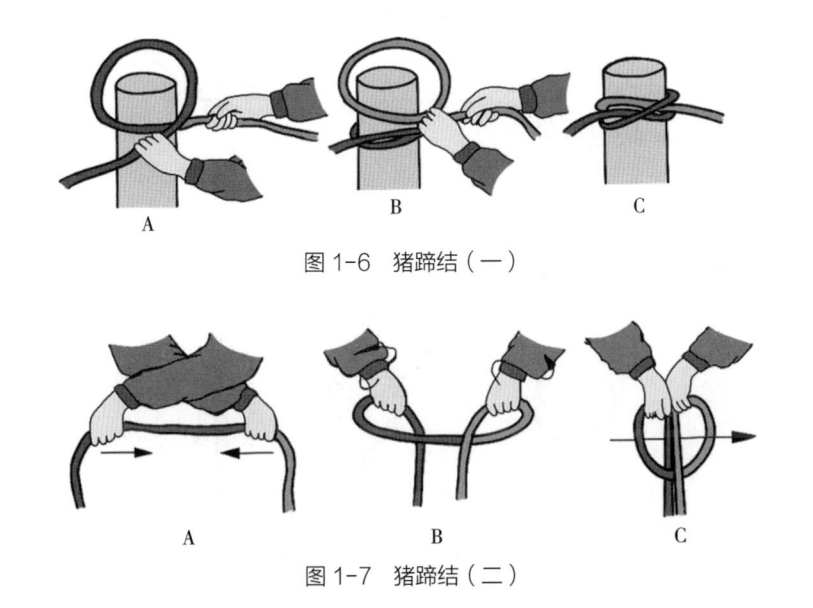

图1-6 猪蹄结（一）

图1-7 猪蹄结（二）

6. 拴马结

拴马结的最大特点是结环固定、不易变形，适用于保定动物脖颈，避免因牵拉、反抗等原因造成动物窒息（见图1-8）。

图 1-8　拴马结

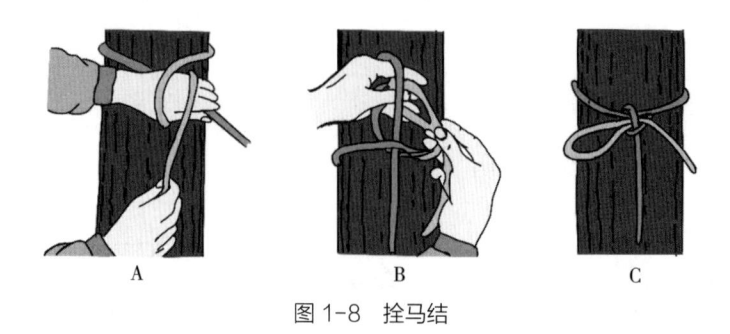

7. 接绳结

在兽医临床上，有时需要将几根绳子连接起来，这就会用到接绳结（见图 1-9 ～图 1-11）。接绳结要求尽可能牢固。

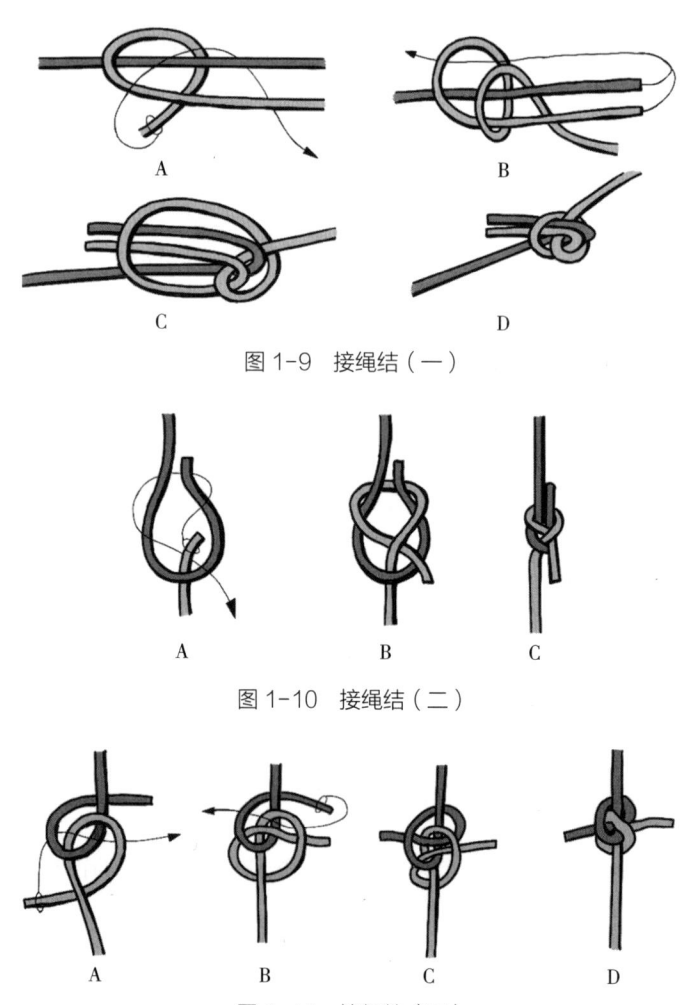

图 1-9　接绳结（一）

图 1-10　接绳结（二）

图 1-11　接绳结（三）

8. 称人结

称人结绳环牢固且不会伸缩，是一种古老的绳结，适用于保定动物颈部（见图1-12）。

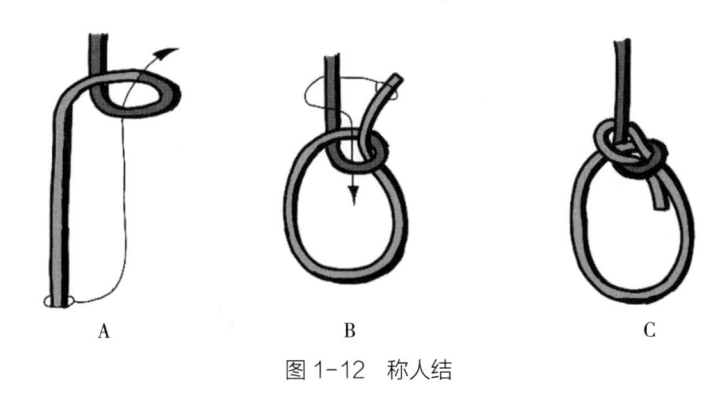

图1-12 称人结

9. 野营结

野营结结系于环形物体上（见图1-13）。

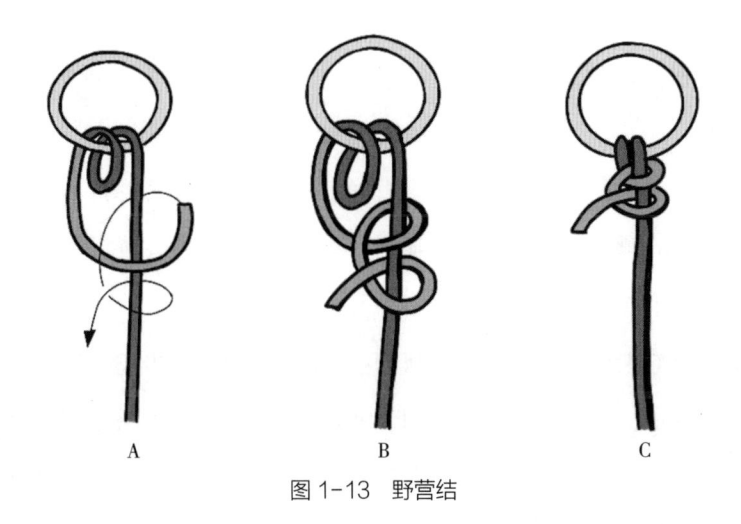

图1-13 野营结

10. 双扣结

双扣结（见图1-14）由猪蹄结变化而来，用来固定动物的两肢。抽紧绳结后，再加一个平结（外科手术中称为方结），十分牢固。

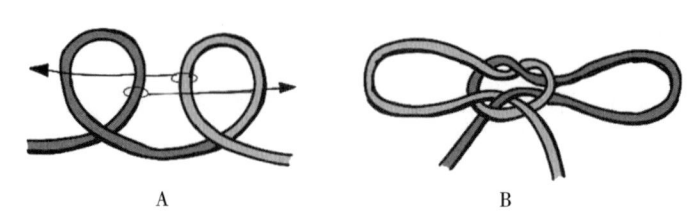

图 1-14 双扣结

二、接近动物的方法

接近动物是进行临床检查的第一步。缺乏对动物的近距离检查,必然会遗漏诊断信息,造成诊断上的困扰或导致误诊。大部分动物对陌生人具有很强的警惕性和防范心理,因此在接近动物时要小心谨慎,循序渐进,切不可突然靠近,以免造成人畜伤害。因此,事先需向畜主了解家畜的情况,如家畜有无顶、踢、咬等恶癖,或某一部分与一侧(如口、耳、鼻、乳房等)是否有拒绝接触的习惯。

再则不同种类的动物,习性不同;即使同一种类动物,脾性也可能相差甚远。因此,在接近动物之前,要充分了解动物习性,做好应对措施。接近任何动物,首先应友好示意,然后慢慢靠近;靠近后先轻轻抚摸动物,待其处于安静和温顺状态,再做检查。

接近动物时,要注意观察动物的神态,确定其是否有攻击意图。牛的低头凝视,马的竖耳、喷鼻,犬的龇牙、吠叫,猫的喵叫、竖毛,猪的斜视、翘鼻,都是攻击或不友好的信号,应加倍小心。

在接近未保定的大型动物时,最好从侧前方缓慢接近,同时密切注意观察动物的反应,如马的突然转身、前咬或后踢等。即便动物在保定栏内,也要注意牛的侧踢、马属动物的后踢和撕咬等。虽然牛一般不会向后直踢,但凡事均有例外,不能大意。

作为未来的兽医,临床检查需要胆大心细,为了人畜安全,不能有丝毫大意,但也不能因此战战兢兢、过于谨小慎微,使临床检查流于形式。

三、家畜保定法

动物保定的方法大体上可以分为两种,一种是物理保定法,另一种是化学保定法。物理保定法是指利用绳索、器械或柱栏,限制动物的活动以达到检查目的的一种保定方法。该法简单、易于操作、风险小，适用于一般检查或简单处理。化学保定法是指利用药物如镇静剂或麻醉剂对动物实施保定，适用于精细检查或外科手术。化学保定法在《兽医外科手术学》中有详细的论述，本书主要介绍物理保定法。

目的：防止动物骚动，便于检查处理，并保障人畜安全。

要求：做到安全、迅速、确实。

1. 牛的保定法

（1）徒手保定法（见图1-15）：用一手抓住牛角，然后拉提鼻绳、鼻环或用一手的拇指和食指或中指捏住牛的鼻中隔加以固定。

（2）牛鼻钳保定法（见图1-16）：将鼻钳的两钳嘴抵入两个鼻孔，并迅速夹紧鼻中隔，用一手或双手握持，也可用绳子系紧钳柄予以固定。注意：一定要牢牢抓住鼻钳，以免甩脱后砸伤旁边的助手或其他人。

（3）角根固定保定法（见图1-17）。

（4）后肢保定法（见图1-18）：在两后肢飞节上方用绳固定，使牛运动受限，也无法弹踢。此法用于牛的直肠、乳腺及后肢的检查。

（5）树杈保定法（见图1-19）：将牛牵引至树杈中，用绳子将角根固定住。

（6）六柱栏保定法：保定栏内备有胸革和臀革（或用扁绳代替）、肩革（带）及腹革（带），前者是保定栏内必备的，而后者可依检查目的及被检查动物的具体情况而定。保定时，先挂好胸革，将动物从柱栏后方引进，并把缰绳系于某一前柱上，挂上臀革，一般情况下，此时即可对动物进行临床检查。对某些检查，如检查或处置口腔、阴囊等处，可按需要同时利用两前柱固定头部（同时系好肩带）或两后柱固定后肢。如需进行直肠检查，需要上好腹革和肩革，将尾向侧方上举进行固定。

（7）二柱栏保定法（见图1-20）：先将动物引至柱栏的一侧，并令其靠近柱栏，之后将缰绳系于柱栏横梁前端的铁环上，再将脖绳系于前柱上，最后缠绕围绳及吊挂胸绳和腹绳。

（8）单柱头部保定法（见图1-21）：将缰绳系于立柱或树木上，用颈绳或直接用缰绳，对马属动物进行绕颈结系固定。对牛可绕两角后进行结系固定。该法多应用于野外、室外或紧急情况，操作简单，但保定不够确实。

（9）临时笼头（见图1-22）。

图 1-15 徒手保定法
（仿林立中，1982 年）

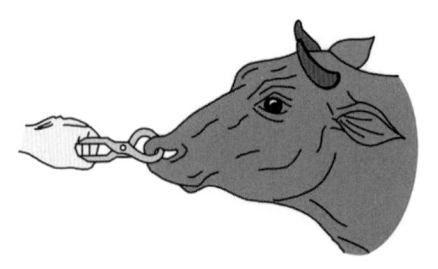

图 1-16 牛鼻钳保定法
（仿林立中，1982 年）

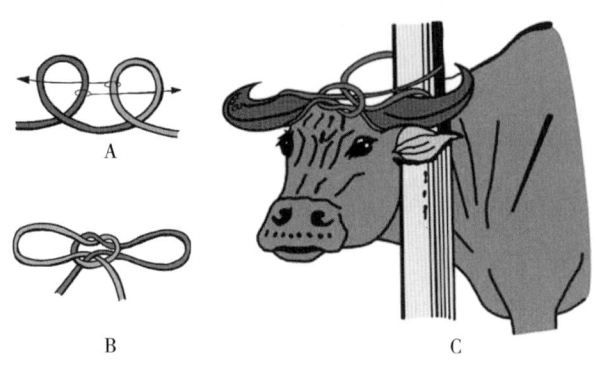

图 1-17 角根固定保定法
（仿林立中，1982 年）

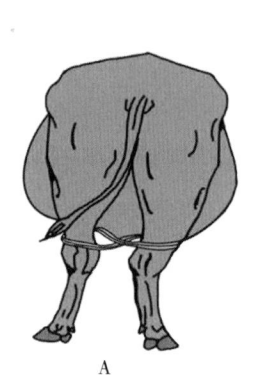

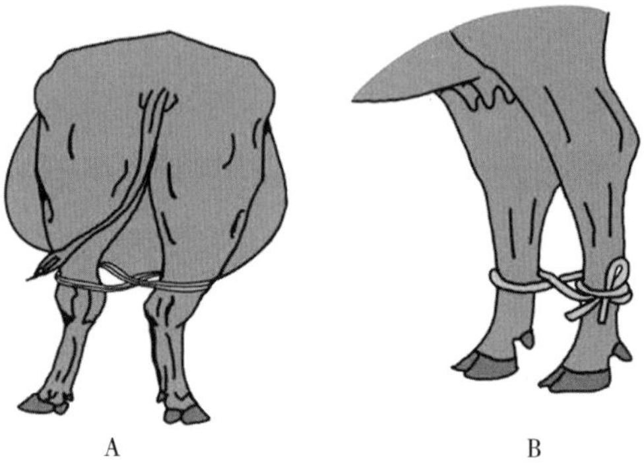

图 1-18 后肢保定法
（仿林立中，1982 年）

图 1-19 树杈保定法
（仿林立中，1982 年）

图 1-20 二柱栏保定法
（仿林立中，1982 年）

图 1-21　单柱头部保定法
（仿林立中，1982 年）

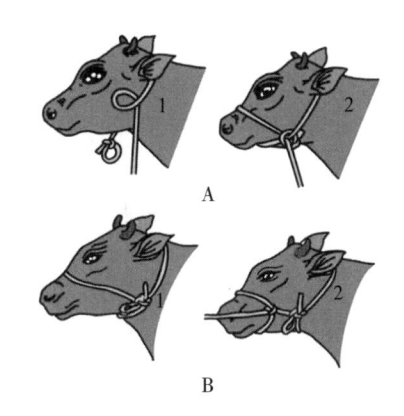

图 1-22　临时笼头
（仿林立中，1982 年）

2. 猪的保定法

性情驯良的猪，助手可用手指轻搔猪腹部，猪自然卧地即可检查。如遇性情不驯者，可采用以下方法保定：

（1）猪鼻捻法（对大猪适用）（见图 1-23）。

（2）前肢提举法或提耳直立保定法（见图 1-24）。

（3）后肢提举法（见图 1-25）。

（4）徒手侧卧保定法（见图 1-26）。

（5）网上保定法（见图 1-27）

（6）猪食槽保定法（见图 1-28）。

（7）猪尾握持保定法（见图 1-29）。

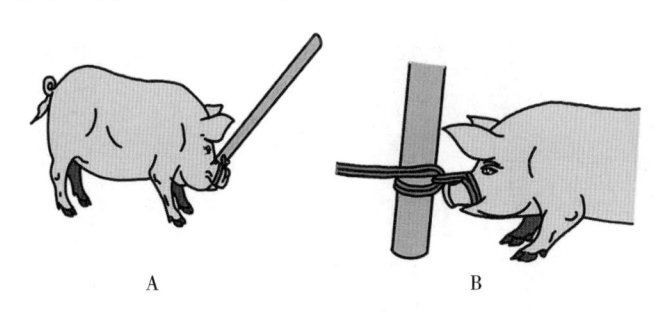

图 1-23　猪鼻捻法
（仿林立中，1982 年）

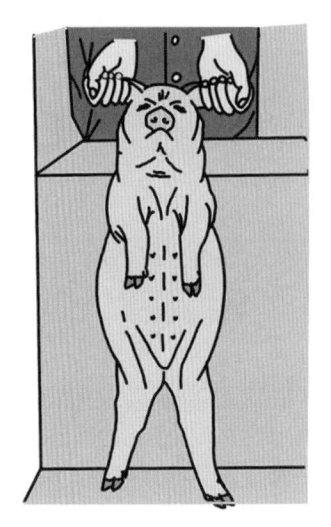

图 1-24　提耳直立保定法
（仿林立中，1982 年）

图 1-25　后肢提举法
（仿林立中，1982 年）

图 1-26　徒手侧卧保定法
（仿林立中，1982 年）

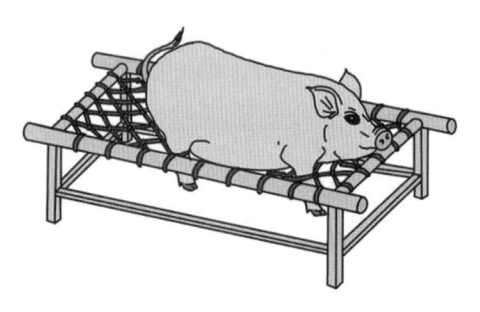

图 1-27　网上保定法
（仿林立中，1982 年）

图 1-28　猪食槽保定法
A. 后肢　B. 前肢
（仿林立中，1982 年）

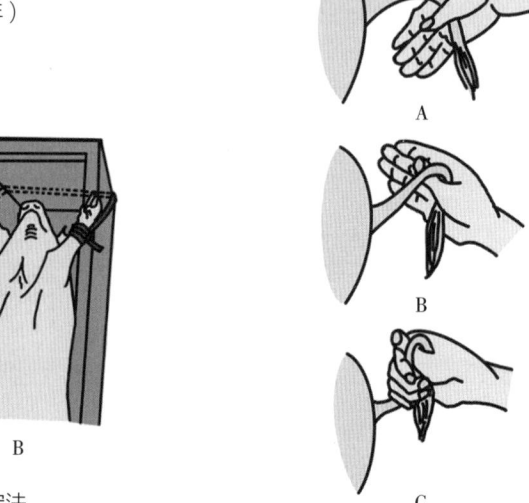

图 1-29　猪尾握持保定法
（仿林立中，1982 年）

3. 羊的保定

性情温柔的羊不需强迫保定，主要有以下几种方法。

（1）握角骑跨夹持保定法：保定者可越过羊的背部，以两腿轻夹羊的胸腹侧，以手握住羊的两角固定（见图1-30）。

（2）两手前后围抱保定法：从羊胸侧用两手分别围抱其前胸或股后部（见图1-31）。

（3）倒卧保定法：从对侧一手抓住两前肢系部或一前肢臂部，另一手抓住腹胁部膝皱襞处扳倒羊体，后一只手改为抓住两后肢的系部，前后一起按住即可（见图1-32）。

图1-30 握角骑跨夹持保定法（仿林立中，1982年）

图1-31 两手前后围抱保定法（仿林立中，1982年）

图1-32 倒卧保定法（仿林立中，1982年）

4. 注意事项

（1）为了检查结果准确及人畜安全，必须熟悉病畜的接近和保定法，包括检查者的站位和姿势。如对牛检查，可站在后躯的正后方进行，如在后躯两侧进行，应防止被牛踢伤。依诊疗目的和病畜当时个体特性，采取安全、灵活、简便的方法。

（2）保定用具一定要坚实，保定时绳结要打活结，便于系也便于解。

思考题

（1）简述各种家畜的接近和保定方法。

（2）简述接近和保定家畜对临床检查的意义。

实验二 兽医临床基本检查法

实验目的及要求

（1）掌握六诊，即问诊、视诊、触诊、叩诊、听诊和嗅诊六种检查方法及其注意事项。

（2）理解六种基本诊断方法对疾病诊疗的意义。

（3）了解六种基本诊断方法在临床上的具体应用。

实验动物

牛、驴若干。

实验器材

听诊器、叩诊器、手电筒、保定绳、牛鼻钳、叩诊板、体温计、灭菌液状石蜡油、酒精棉球、保定栏。

实验内容

一、问诊

问诊就是向畜主或饲养管理人员调查、询问、了解畜群或病畜关于发病的一切可能情况，为疾病诊断提供方向或思路。一般在临床检查前进行问诊，也可以一边检查一边问诊，或在检查之后进行更加深入的问诊。

1. 内容和方法

（1）病史：主要指本次发病之前的患病史，目的在于判断动物是否"老毛病又犯了"，为快速诊断提供线索和依据。

（2）现病历：主要询问本次发病的相关情况，包括发病的时间、地点、主要表现；发病的可能原因，同群动物有无发病，发病情况如何；有没有经过治疗，经过哪些治疗，用过哪些药物，治疗的效果如何等。

（3）饲养管理情况：主要询问饲料来源、保存及加工情况，饲喂制度，饲养模式，饲养环境等。

（4）问诊的方法：主要对饲养员和了解病畜的有关人员做启发性的询问。

2. 注意事项

（1）问诊时一定要态度和蔼、诚恳热情、灵活机动、善于启发。

（2）问诊要有重点，语言通俗、提问简明，切忌重复和啰唆。

（3）对问诊得到的信息不可全信，也不能不信，要进行深入分析，去伪存真，客观评价，最终得到对诊断有用的信息。

（4）问诊一般都是在检查之前进行，但应根据病情缓急而灵活掌握。对于病重有生命危险的，可先行抢救，待脱离危险后再继续问诊，有时可根据需要一边治疗、一边询问。

（5）不能完全依赖于问诊，要结合其他基本诊断法进行综合分析，必要时可进一步进行实验室检查和特殊检查。

二、视诊

视诊通常是用肉眼直接观察被检动物的状态，必要时，可利用各种简单器械做间接视诊。视诊是最重要的检查方法，视诊时，必须在良好的光线下进行，观察色泽的变化只能用自然光。可以了解病畜的一般情况和判明局部病变的部位、形状、大小，为进一步进行其他检查提供线索和依据。

1. 内容和方法

（1）直接视诊：先让病畜保持自然状态，检查者从稍远处观察病畜的整体状态，然后走近家畜，近距离（1.5m左右）观察，先从头部开始，再咽喉部、颈部、胸部、腹部、后躯，从左到右、从上到下，进行周密的观察，尽量发现病畜的症状。当在动物正后方时，应注意尾、肛门及会阴部；并对照两侧胸、腹是否对称；为了观察运动和步态，在条件允许的情况下，可做牵遛；最后接近动物，对可疑部位进行仔细检查。

（2）间接视诊：根据需要做适当保定，并选择适当的器械进行辅助，以利于更好地视诊。具体内容在后续实验中讲解。

2. 注意事项

（1）对于刚来就诊的病畜，应让其休息片刻，并安抚其情绪，待平静之后再进行相关检查。

（2）视诊一般先不要接近家畜，也不进行保定，尽量让动物处于自然状态，最好在自然光下检查。

（3）视诊要仔细，不放过任何可疑线索，但不能只根据视诊就武断地下诊断结论，应结合其他检查结果，客观分析和判断。

（4）初学者要加强练习，特别是练习从群体中挑出病畜。

三、触诊

触诊是指用手感知动物病变部位的温度、湿度、形状、大小、敏感性等，以判断疾病的性质。

1. 内容和方法

（1）体表温度和湿度：一般用手背触诊，有时候也使用手指和手掌浅部触诊（抚摸法）。体表温度多与体温或局部病变有关，而湿度主要和汗腺分泌有关。

（2）局部肿胀：用手指按压、揉捏，感知肿物的硬度、活动性和敏感性等，并以此判断肿物的性质。

（3）敏感性：所谓敏感性就是动物对刺激的疼痛反应。敏感性增高，动物会出现躲闪或反抗行为。

（4）深部触诊：对内脏器官可加大力量进行深部触诊，多指并拢，沿一定部位切入，以感知内部器官的性状，如对肝脏边缘进行切入触诊、对胃肠状态进行冲击触诊、对肾脏进行按压触诊等。

（5）间接触诊：某些空腔器官可借助简单器械进行间接触诊，很多实质器官也可以通过直肠进行间接触诊。

2. 注意事项

（1）触诊时应注意人畜安全，必要时对动物进行保定。特别检查身体下部时，一定要一手放在病畜的适宜部位作为支点。

（2）触诊动物四肢、胸下、腹下等部位时，一手放在病畜的适宜部位做支点，一手进行检查。

（3）触诊应先从健康部位开始，逐渐过渡到欲检部位，同时密切注意动物的反应。切忌突然触摸患部，以免造成误诊。触诊病变部位时，手要由轻到重，做到边触诊边思考，必要时对某一部位要触诊2～3次或更多，并注意与对应部位或健区进行对比。检查者注意手下的触感及动物的反应来判定触诊部位的性质。

（4）检查病变部位的敏感性，应遵循"先健后病，先远后近，先轻后重，病健对比"的原则。

（5）不能使用会引起病畜疼痛或妨碍病畜表现反应动作的保定方法。

四、叩诊

叩诊是敲打动物体表的某一部位，根据音响的性质，来推断内部器官的病理变化或某器官的投影轮廓。

1. 内容和方法

（1）直接叩诊：用手指或叩诊锤直接向动物体表的一定部位叩击，根据音响的性质来判断其内容物性状、含气量和紧张度，如叩击额窦（见图2-1）。

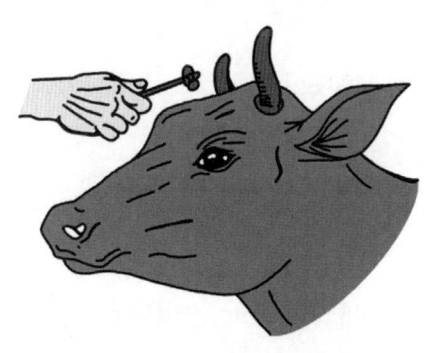

图2-1　额窦直接叩诊
（仿林立中，1982年）

（2）间接叩诊：主要适用于肺脏、心脏和胸膜腔的检查，也可以检查肝、脾的大小和位置。可分为指指叩诊、锤板叩诊。

指指叩诊主要用于中小型动物的叩诊。通常以左手的中指紧密地贴在检查部位上，用由第二指关节处呈90°屈曲的右手中指做叩诊锤，并以右腕做轴，上下摆动，用适当的力量垂直地向左手中指的第二指节处进行叩击。

锤板叩诊是指用叩诊锤和叩诊板叩诊，通常适用于大型动物。一般以左手持叩诊板，将其紧密地放于检查的部位上，用右手持叩诊锤，以腕关节做轴，使锤上下摆动并垂直地向叩诊板上连续叩击两三次，以听取其音响。

2. 叩诊音响

（1）实音（浊音）：如叩诊厚层肌肉发出的声音，性质弱、短、高。

（2）鼓音：叩诊牛瘤胃时发生的声音，声音的性质强、长、低。

（3）清音（满音）：叩诊正常肺区中间所产生的音响。

（4）半浊音：介于浊音和清音之间，叩击胸部肺边缘所发生的音响。

（5）过清音：介于清音和鼓音之间。

3. 注意事项

（1）叩诊时必须保持安静，最好在室内进行。

（2）叩诊板应紧密地贴于体壁的相应部位上，对消瘦动物应注意将其横放于两条肋骨上。

（3）勿用强力压迫体壁，除叩诊板外，其余手指不应接触动物体壁，以免影响振动和音响。

（4）叩诊锤应垂直地叩在叩诊板上，叩诊时要用腕力，用力要均匀；叩诊锤在叩打后应很快地离开叩诊板。

（5）为了均匀地掌握叩诊用的力度，叩诊的手应以腕关节做轴，轻松地上下摆动进行叩击，不应强加臂力。

（6）在相应部位（或邻近部位）进行对比叩诊时，应尽量做到叩诊的力量、叩诊板的压力以及动物体位等都相同。

（7）叩诊锤的胶头要注意及时更换，以免叩诊时发生锤板的特殊撞击音而影响判断。

（8）叩诊力量应根据被检器官的解剖位置而变化；叩诊时应注意手的感觉及发出声音的特点。

五、听诊

听诊是听取病畜某些器官在活动过程中发生的声音，借以判断其病理变化的方法。心血管系统、呼吸系统和消化系统均可进行听诊，用以判断其功能和状态。

1. 内容和方法

（1）直接听诊：先于动物体表覆盖听诊布，然后用耳直接贴于体表进行听诊。为了防止感染，宜用听诊布覆盖在畜体上。听诊前部器官时检查者站立在畜体侧面，面向家畜的头部，一手放在鬐甲部作为支点，耳紧贴体表，用右耳听左侧，左耳听右侧（见图2-2）。检查后部器官时，面向臂部而立，以一手扶背部，另一手扶髋结节处，以防踢伤，左耳听左侧，右耳听右侧。

（2）间接听诊：使用听诊器听诊，听诊时一手持听头紧贴体表欲检部位皮肤，另一手扶在鬐甲或背上作为支点进行听诊。可听取心脏搏动音、肺泡呼吸音、支气管呼吸音和胃肠蠕动音等，听诊时注意判断其频率、节律和强度等（见图2-3）。对大型家畜多站立进行听诊，检查心肺时，面向畜体的头部；检查胃肠时，多面向后方。

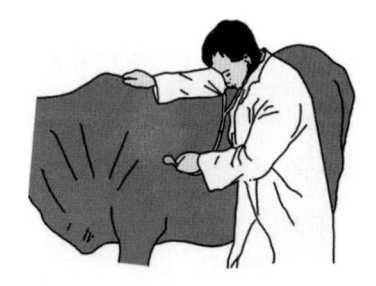

图2-2　牛听诊模式——直接听诊　　图2-3　牛听诊模式——间接听诊
（仿林立中，1982年）　　　　　　　（仿林立中，1982年）

2. 注意事项

（1）应在安静的室内进行，以排除外界音响干扰。

（2）听诊器两耳塞与外耳道相接要松紧适当，过紧或过松都影响听诊的效果。尽量减少胸件与被毛的摩擦及其他杂音的产生。

（3）听诊器的集音头要紧紧地贴放在动物体表的检查部位，防止滑动。

（4）听诊器的胶管不要与手臂、衣服、动物被毛等接触和摩擦，以免产生杂音，影响正常听诊。

（5）听诊时要聚精会神，并同时要注意观察动物的动作，如听诊呼吸音时要注意呼吸动作、听诊心脏时要注意心搏动等。注意分辨传导来的其他器官的声音。

（6）听诊胆怯易惊或性情暴烈的动物时，要由远及近地将听诊器集音头移至听诊区，以免引起动物反应。听诊时仍须注意安全。

六、嗅诊

嗅诊是以嗅觉判断发自病畜的异常气味与疾病关系的方法。异常气味多来自皮肤、黏膜、呼吸道、呕吐物、排泄物、脓液等病理产物。

1. 内容和方法

嗅诊主要内容为排泄物、分泌物和病畜呼出的气体。嗅诊时检查者用手将病畜散发出的气味扇向自己的鼻部，然后仔细地判断气味的性质。

2. 注意事项

（1）呼出的气体或尿液有烂苹果味（酮味），见于牛和羊的酮血症。

（2）呼出的气体和鼻液有腐败气味，见于呼吸系统坏疽性病变。

（3）呼出气体和消化道内容物有大蒜味，见于有机磷中毒。

（4）粪便带有腐败臭味，见于消化不良或胰腺功能不足。

（5）阴道分泌物化脓、有腐败臭味，见于子宫蓄脓或胎衣停滞（检查时注意做好安全防护，佩戴手套、口罩等）。

思考题

（1）视诊为什么处于六诊之首？

（2）六诊之间有无内在联系？

（3）简述基本检查的操作要点及注意事项。

实验三 整体状态的检查

实验目的及要求

(1) 掌握全身状态、被毛和皮肤、可视黏膜、浅表淋巴结的检查方法。
(2) 理解整体状态检查在疾病诊断中的意义。

实验动物

牛、驴或马若干。

实验器材

保定绳、手电筒、牛鼻钳、听诊器、叩诊锤、叩诊板、体温计、灭菌液状石蜡油、酒精棉球、保定栏。

实验内容

一、全身状态的检查

通过对病畜的视诊，达到了解病畜的精神、营养、体格、姿势等变化情况。

1. 精神状态

精神状态检查主要观察病畜的神态，根据其耳、眼的运动，眼的表情及各种反应、举动来判断病情。正常状态下，健畜表现为头耳灵活、眼光明亮、反应迅速、行动敏捷，被毛平顺而富有弹性，幼畜则活泼好动。病理状态下则表现为精神抑制或兴奋。

（1）精神抑制：一般表现为头低耳耷，眼半闭，行动迟缓或突然站立，对周围环境刺激反应迟钝。严重者出现嗜睡或昏迷。

（2）精神兴奋：通常表现为左顾右盼，惊恐不安，竖耳刨地等。严重者表现为不顾障碍地前冲、后退，狂躁不驯或挣脱缰绳等。最为严重者，会攻击人畜。

2. 营养状况

营养状况主要靠视诊确定，依据肌肉的丰满度、被毛的光滑度和皮下脂肪的充盈度而定。营养良好的动物，肌肉丰满，被毛柔顺、有光泽，骨骼棱角不显露。一般分为3级。

（1）营养优良：表现肌肉丰满，骨不外露，轮廓浑圆，皮肤有弹力，被毛有光泽。

（2）营养不良：表现消瘦，骨骼外露，皮肤缺乏弹性，被毛长粗而无光泽。

（3）营养中等：介于上述二者之间。

注意事项：①进行个体的比较，并结合畜种、生产性能进行综合判定；②注意动物特殊部位的检查，如鸡胸、肩峰等。

3. 体格发育

体格发育主要依据骨骼的发育程度及躯体的大小而定，要注意观察动物头、颈、躯干及四肢、关节各部分的发育情况及其形态和比例关系。

（1）发育良好的动物体躯高大且与年龄相符，肌肉结实，结构紧凑，各部位比例适当。

（2）发育不良表现为躯体矮小，发育程度与年龄不相符。幼龄动物表现为发育迟缓甚至发育停滞。

（3）患病动物表现为躯体左右不对称，各部位比例失调。形态正常，表现头大颈短，面部膨隆，胸廓扁平腰背凸出、四肢弯曲，关节粗大，腹围极度膨大等。

4. 姿势与步态

（1）健康动物的姿态自然，腰背平直，四肢直立。马大部分时间处于站立状态，常交换歇其后蹄，偶尔卧下，但闻吆喝声即起。牛站立时常低头，食后喜四肢集于腹下而卧，站起时先起后肢，动作缓慢。

（2）全身僵直：表现为头颈伸直，肢体僵硬，四肢不能屈曲，尾根挺起，呈木马姿势，见于破伤风、士的宁中毒等。

（3）站立姿势异常：病马两前肢交叉站立而长时间不换姿势，见于脑室积水；病畜单趾悬空或不敢负重，见于跛行；病畜两后肢后踏、两后肢前伸集于腹下，见于蹄叶炎。

（4）站立不稳：躯体歪斜或四肢叉开，依墙壁而站立，见于李氏杆菌病等。

（5）骚动不安：马属动物表现为前肢刨地，后肢踢腹，回视，伸腰摇摆，时起时卧，起卧滚转或呈犬坐姿势等；牛通常只表现为后肢踢腹。

（6）异常躺卧姿势：牛呈曲颈伏卧或昏睡姿势，见于生产瘫痪；马形犬坐姿势，后躯轻瘫，见于肌红蛋白尿症。

（7）步态异常：常见有各种跛行，步态不稳，四肢运动不协调或呈蹒跚、踉跄、摇摆、跌晃等共济失调症状。

二、被毛和皮肤的检查

1. 被毛的检查

主要通过视诊观察被毛的性状（如被毛的长短、粗细、色泽、密度、平顺情况、脆性、柔软度、清洁度），以及脱换毛情况（如有无换毛延缓和秃毛现象）。

（1）健康动物的被毛，平顺而富有光泽，每年春秋两季适时脱换新毛。

（2）患病动物被毛粗乱，失去光泽，易脱落或换毛季节推迟。皮肤病引起的脱毛最为常见，通常见于螨病或真菌感染。

（3）被毛检查时，要注意被毛的污染情况，尤其要注意容易污染的部位，如体侧、肛门或阴门等部位。

2. 皮肤的检查

视诊主要检查皮肤的颜色和完整性，触诊主要检查皮肤的温度、湿度、弹性、皮肤知觉、皮肤气味等。

（1）颜色：在无色素而被毛稀少部检查较方便。皮肤苍白见于各种类型的贫血；皮肤黄染见于肝病、胆病或溶血性疾病；皮肤发绀见于缺氧性疾病；皮肤潮红见于充血性疾病。

（2）温度：牛、羊一般触诊鼻镜、角根、耳根、胸内侧和四肢，有时置手背于不同部位皮肤上，以测定机体对应皮毛温度是否均一。

（3）湿度：可通过视诊和触诊进行，主要判定家畜的排汗能力。检查时，牛着重观察鼻镜。

（4）弹性：检查皮肤弹性是判断机体脱水的重要方法。以一手将皮肤做成皱褶，牛在最后的肋骨部，小动物在背部，放手后立即恢复原状，则皮肤弹性良好。

（5）皮肤知觉：以手触着鬐甲、背部、腹股沟部，必要时用针刺之，如皮肤知觉消失，表示脑脊髓机能或外周神经（包括体表神经末梢）发生一时性或持续性知觉障碍。

（6）皮肤气味：患尿毒症时，病畜皮肤带尿臭味；患牛酮血病时，病畜皮肤有酮臭味；病畜皮肤污秽不洁时带异常臭味。

3. 皮下组织的检查

皮下容易发生肿胀，检查时应注意肿胀部位的大小、形状，并触诊判断其内容物的性状、硬度、温度、活动性及敏感性等。

（1）皮下水肿：表面扁平，与周围组织界限明显，压之如生面团样，留有指压痕，较长时间不易恢复，触之无热、痛反应。

（2）皮下气肿：边缘轮廓不清，触诊时发出捻发音，压之有像周围皮下组织窜动的感觉。颈侧、胸侧、肘后的皮下气肿，多为窜入性，故局部为热痛反应。厌气性感染时，气肿局部有热、痛反应，且局部切开后可流出混有泡沫的腐败臭味液体。

（3）皮下积液：外形多呈圆形隆起，触之有波动感，可通过穿刺鉴别是脓肿、血肿，还是淋巴外渗。

（4）疝：触之有波动感，可触及疝环，肿胀内容物多数可以还纳回体腔。

三、可视黏膜的检查

主要观察眼结合膜的颜色变化。检查时，首先观察眼睑有无肿胀、外伤及眼分泌物的数量、性质，然后再打开眼睑观察其颜色变化。

1. 眼结合膜的检查方法

（1）牛：主要观察其巩膜的颜色及血管情况。检查时可一手握牛角，另一手抓住其鼻中隔并用力扭转其头部，即可使巩膜露出；也可用两手握牛角并向一侧扭转，使牛头偏向侧方。若检查眼结合膜，可用大拇指将上下眼睑拨开观察。

（2）马属动物：检查眼结合膜时，通常检查者站立于马属动物头一侧，一手持缰绳，另一手食指第一指关节置于上眼睑中央的边缘处，拇指放于下眼睑，其余三指屈曲放于眼眶上面作为支点，食指向眼窝略加压力，拇指同时拨开下眼睑，即可使结膜露出。

2. 检查内容

健康动物的结合膜呈淡红色或粉红色。发病时可表现为潮红、苍白、黄疸或发绀，其临床意义同皮肤颜色的变化。

3. 注意事项

（1）检查结合膜最好在自然光线下进行，易于对颜色变化进行准确识别。

（2）翻开眼睑的动作要轻快，避免多次反复，造成人为的充血现象，影响结果。

（3）要对两侧眼结合膜进行对照检查，并注意区别是眼的局限性疾病，还是其他原因引起的。

四、体表淋巴结检查

检查体表淋巴结主要进行触诊，应注意淋巴结的大小、形状、表面温度、坚硬度、敏感性和移动性。

健康母牛能触知的淋巴结有下颌淋巴结、肩前淋巴结、膝襞淋巴结、乳房上淋巴结（见图3-1）。

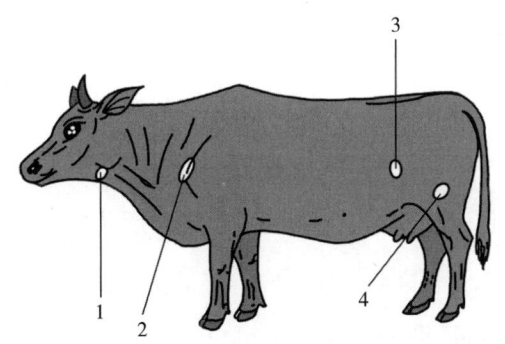

1. 下颌淋巴结　2. 肩前淋巴结　3. 膝襞淋巴结　4. 乳房上淋巴结

图 3-1　牛主要体表淋巴结

1. 体表淋巴结的部位和检查方法

（1）下颌淋巴结：位于头部下颌间隙，呈卵圆形。检查时，一手抓住笼头，另一手插入颌间隙，沿下颌支内侧前后滑动，即可感到。

（2）肩前淋巴结：位于冈上肌前缘，检查左侧时左手置于鬐甲部，左手手指并拢在肩关节的前上方，沿冈上肌前缘插入并前后滑动，即可感到圆滑坚实的淋巴结（见图3-2）。

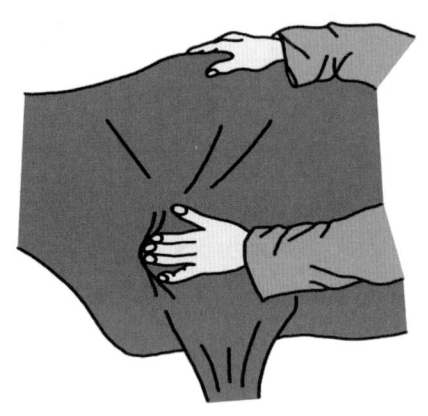

图3-2　牛肩前淋巴结检查模式

（仿林立中，1982年）

（3）膝襞淋巴结：位于髋结节和膝关节之间，股阔筋膜张肌的前方。检查时站在动物的侧方，面向尾部，一手放在动物的背腰部作支点，另一手放于髋结节和膝关节的中点，沿股阔筋膜张肌的前缘用手指前后滑动，即可感到较坚实、上下伸展、条柱状的淋巴结。

（4）乳房上淋巴结（公牛即为腹股沟淋巴结）：位于乳房座。在乳房座附近，用手把皮肤和疏松的皮下组织做成皱襞，可感到稍坚实的淋巴结。

2. 病理变化

（1）急性淋巴结肿胀：表现增温、疼痛、变硬、活动性减弱。

（2）慢性淋巴结肿胀：多无热、痛反应，较坚硬，表面不平且不易向周围移动。

（3）淋巴结化脓：除肿胀、增温、疼痛之外，还有先硬后软，有波动感，皮肤变薄、破溃后流出脓汁等变化。

思考题

（1）整体状态检查对于疾病诊断有何意义？

（2）导致动物脱毛的原因有哪些？

实验四 体温、脉搏和呼吸数的测定

实验目的及要求

（1）掌握体温、脉搏、呼吸数的测定方法。

（2）理解体温、脉搏、呼吸数测定时的注意事项。

（3）了解体温、脉搏、呼吸数变化的临床意义。

实验动物

2头牛，2头驴或2匹马。

实验器材

保定绳、兽用体温计、酒精棉球、灭菌液状石蜡油、秒表。

实验内容

一、体温测定

1. 测定方法

牛体温测定的方法：通常检测直肠温度。测温度时检查者站在牛躯体的正后方，左手提起尾根，右手持已消毒过并涂上润滑剂（唾液也可以）的体温计，向前下方旋转插入直肠中（见图 4-1，猪也可按此方法测温），体温计的玻棒插入的深度为全长的 2/3，将附在体温计上的夹子夹于尾毛上，待 3～5min 后，抽出体温计，并用消毒棉擦净读取度数，然后甩下水银柱并放入消毒瓶内备用。

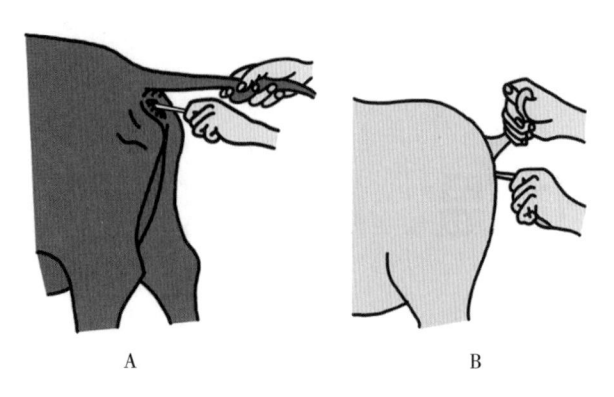

图4-1 牛（A）、猪（B）体温测定

2. 注意事项

（1）测定体温时，应注意人畜安全。对肛门及直肠有损伤的动物，需谨慎操作。

（2）温度计的玻棒插入的深度要适宜，大型动物至少插入全长的2/3，小型动物可视具体情况而定。

（3）用前需甩下体温计的水银柱，用后也应及时甩下水银柱，形成良好的体温测定习惯。

（4）初来就诊的动物，待其安静后，再进行测定。

（5）病畜体温测定需在上午和午后各测定一次，并绘成体温曲线表，具有更大的诊断意义。

（6）勿将体温计插入宿粪中。

3. 病理变化

（1）体温升高：体温超过正常标准，一般称为发热，多见于传染病、器官及组织炎症、日射病与热射病等。

（2）体温降低：低于常温，多见于神经系统疾病、中毒、中度衰竭、营养不良及贫血等。

二、脉搏的测定

1. 测定方法

（1）马属动物：主要检查颌外动脉。检查者站在马头一侧，一手握住笼头，另一手拇指置于动物下颌骨外侧，食指、中指伸入下颌支内侧，在下颌支的血管切迹处，前后滑动，发现动脉管后，用指轻压即可感知。

（2）牛：主要检查尾动脉。检查者站在牛的正后方，左手提起牛尾，右手拇指放于尾根的背面，用食指、中指在距尾根10cm左右处尾的腹面检查。

（3）中小型动物：可检查股动脉或肱动脉。

2. 注意事项

（1）需要在动物安静后，方可进行脉搏测定。

（2）一般检测1min，并以"次/min"表示，当脉搏不感于手时，可以心率替代。

三、呼吸数的测定

1. 测定方法

（1）检查者站立于动物的侧方，观察腹胁部的起伏，一起一伏为1次呼吸。

（2）寒冷季节可根据呼出气流来测定。

2. 注意事项

（1）呼吸数的测定，宜在动物安静或休息时测定。

（2）呼吸数以"次/min"表示，必要时可用听诊肺部呼吸音的次数来代替。

四、正常参考值（见表4-1）

表4-1 各种动物正常体温、脉搏及呼吸次数

动物种类	体温（℃）	脉搏（次/min）	呼吸数（次/min）
牛	37.5～39.5	40～80	10～25
马	37.5～38.5	26～42	8～16
骡	37.5～39.0	26～42	—
驴	37.5～38.5	42～54	—
羊	38.0～40.0	70～80	12～30
骆驼	36.0～38.5	32～52	6～15
鹿	38.0～39.0	40～80	15～25
犬	37.5～39.0	70～120	10～30
猫	38.5～39.5	110～130	10～30

续表

动物种类	体温（℃）	脉搏（次/min）	呼吸数（次/min）
猪	38.0～39.5	60～80	18～30
兔	38.5～39.5	120～140	50～60
狐狸	38.7～40.1	85～130	15～45
鸡	40.0～42.0	120～300	15～30
鸭	41.0～43.0	—	—
鹅	40.0～41.3	—	—
鸽	41.0～43.0	180～250	20～35

思考题

（1）体温、脉搏和呼吸数三者之间有何内在联系？

（2）在拥有先进诊疗设备的情况下，体温测定是否失去了意义？

实验五 循环系统的检查

实验目的及要求

（1）熟悉心脏在体表的投影部位，掌握心脏的视诊、触诊、听诊和叩诊方法。

（2）能够正确区分第一心音和第二心音。

（3）了解不同心音的最佳听取点。

（4）掌握浅在静脉的检查方法。

实验动物

牛、驴或马若干。

实验器材

保定绳、听诊器、叩诊器、叩诊板、多道听诊器、血压计、秒表、牛鼻钳、体温计、灭菌液状石蜡油、酒精棉球、保定栏。

实验内容

一、心脏的视诊和触诊

1. 检查方法

被检动物取站立姿势，使其左前肢向前伸出半步，以充分暴露心区。检查者位于动物左侧方，视诊时，仔细观察左侧肘后心区被毛及胸壁的振动情况。心脏触诊的部位是在左侧或右侧胸壁下 1/3 的心脏部位。

牛的检查方法是：牛取站立姿势，左侧前肢向前移半步，从充分暴露心脏，右手放在鬐甲上，左手掌紧贴于左胸壁第 3～5 肋间，肘关节上方 2～3cm 的胸壁上，感知胸壁的振动，主要判定频率及强度。

健康动物，随每次心室的收缩而引起左侧心区附近胸壁轻微振动。

2. 检查内容

（1）心搏动减弱：其特征为心区振动微弱，甚至难以感知。主要见于心脏收缩力减弱、介质状态改变和胸壁增厚等相关疾病，如心力衰竭、心包炎、胸腔积液等。

（2）心搏动增强：其特征为心区振动明显，甚至引起全身振动，临床常称此现象为心悸。但应注意生理性的减弱（如过肥）和生理性增强（如运动后、兴奋、疲劳和惊慌）。

二、心脏的叩诊

1. 检查方法

被检动物取站立姿势，使其左前肢向前伸出半步，以充分暴露心区。大型动物采用锤板叩诊法，小型动物采用指指叩诊法。锤板叩诊法是沿肩胛骨后角垂直向下叩击，直至肘后心区，同时标出由清音变为浊音时的点；而后再沿与前一垂线呈 45°角的斜线由心区向后上方叩击，并标出由浊音变为清音时的点；连接此二点，使呈一半弧线，即为心浊音区的后上界。

（1）马：在左侧，呈近似的不等边三角形，其顶点相当于第三肋间肩关节水平线向下 3～4cm 处；由该点向下后方引一弧线并止于第六肋间，为其后上界。在心区反复地用较强和较弱的叩诊进行检查，依据产生的浊音的区域，可判定马的心脏绝对浊音区及相对浊区。

（2）牛：牛仅在左侧第三、第四肋间出现半浊音的相对浊音区，而且范围小。用上法叩诊，正常时叩不到相对浊音区，而要沿肩胛骨后角垂直向下叩击，直到肘后向前一板才可叩到。

2. 检查内容

（1）心脏浊音区扩大见于心脏肥大、心包炎等，特别是牛的创伤性心包炎时尤为显著。

（2）心脏浊音区缩小见于肺气肿、肺水肿和气胸等。

（3）叩诊疼痛：当叩诊时，如有痛苦表现，常提示有心包炎、胸膜炎的可能。牛创伤性心包炎除了有疼痛、浊音区扩大，常有鼓音或浊鼓音。

三、心脏的听诊

1. 检查方法

被检动物取站立姿势，使其左前肢向前伸出半步，以充分暴露心区。检查者戴好听诊器，将听诊器的听头放于心区部位即可，按听诊操作规程进行听诊（见图5-1）。如果家畜因病不能站立，亦可取卧位听诊。遵循一般听诊的常规注意事项。健康牛的心音较为清晰，尤其是第一心音明显，但其第一心音持续时间较短。马的第一心音的音调较低，持续时间较长且音尾拖长；第二心音短促、清脆，且音尾突然停止。

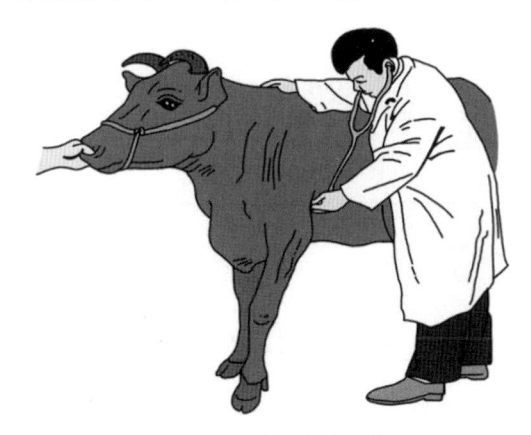

图 5-1　牛的心脏听诊

2. 检查内容

心音听诊要仔细判断其频率、节律、强度、是否分裂等。

心音及其最强听诊点：心音是随同心室收缩与舒张活动而产生的怦咚怦咚两个具有节律的、重复的声音。心室收缩过程产生的心音称缩期心音或第一心音，心室舒张过程产生的心音称舒期心音或第二心音。由于家畜种类不同，其心音特性也有所差异。马心音最强，黄牛及乳牛的心音较为清晰，水牛的心音微弱，猪的心音较为钝浊且两个心音的间隔大致相等，肥猪则不易听到。第一、第二心音的不同之处见表5-1。

表 5-1　两种心音的区别

音别	音性	音调	持续时间	音尾	产生时期	两音间隔
第一心音	怦	低浊	长	长	缩期，与心搏动、动脉搏动同时出现	1-2 音短
第二心音	咚	响亮	短	锐断	舒期，与心搏动、动脉搏动出现时间不一致	2-1 音长

当需要辨识各瓣膜口音的变化时，可按表 5-2 确定其最佳听取点。

表 5-2　心音的最佳听取点

动物种类	第一心音		第二心音	
	二尖瓣口音	三尖瓣口音	主动脉口音	肺动脉口音
马	左侧第五肋间胸廓下 1/3 的中央水平线上	右侧第四肋骨的下部，胸廓 1/3 的中央水平线上	左侧第四肋间肩关节水平线下一、二指处	左侧第三肋间，胸廓下 1/3 的中央水平线上
牛	左侧第四肋间主动脉口稍下方	右侧第三肋间，同上部位	同上	同上

3. 病理变化

（1）计算心率，高于正常时称为心率过速，低于正常时称为心率徐缓。

（2）心音性质的改变：常表现为心音混浊，音调低沉且含混不清。

（3）心音强度的变化：可表现为第一、二心音均增强；第一、二心音均减弱；第一心音增强，在第一心音显著增强的同时，常伴有明显的心悸，而第二心音微弱，甚至于听不清；第二心音增强。

（4）心音分裂：表现为某个心音分成两个相连的音响，以致每一心动周期中出现近似 3 个心音。

第二心音分裂主要是由于主动脉瓣与肺动脉瓣不同时关闭所致。

（5）心杂音：常随心脏收缩、舒张活动而产生的正常心音以外的附加音响，称为心杂音。依病变存在的部位而分为心外性杂音与心内性杂音。

1）心外性杂音：主要是心包杂音，其特点是听之距耳较近，用听诊器的听头压迫心区则杂音可增强。如杂音的性质类似液体的振荡声,称心包积水音;如杂音的性质呈断续性、粗糙的擦过音,则称心包摩擦音。

心包杂音是心包炎的特征,特别牛患创伤性心包炎时尤为典型且明显。

2)心内性杂音:依心内膜是否有器质性病变而分为器质性杂音和非器质性杂音。依杂音出现的时期又分为缩期性杂音和舒期性杂音。

心内性非器质性杂音:其声音的性质较柔和,如吹风样,多出现于缩期,且随病情的好转、恢复或用强心剂后,可减弱或消失。在马身上常表现为贫血性杂音,尤当慢性马传染性贫血时更为明显。

心内性器质性杂音:是慢性心内膜炎的特征,在猪身上常继发于猪丹毒。其声音的性质较粗糙,随动物运动或用强心剂后而增强,因瓣膜发生形态的改变,故杂音多是不可逆性的。

为确定心内膜的病变部位及性质,应注意明确杂音的分期性和最佳点。

(6)心律不齐:表现为心脏活动的快慢不均及心音的间隔不等或强弱不一,主要提示心脏的兴奋性和传导机能的障碍或心肌损害。为了进一步分析心律不齐的特点和意义,必要时应进行心电图描记,依心电图的变化特征而确定。

四、脉管的检查

1. 动脉脉搏的检查

(1)检查方法

牛在颌外动脉(下颌骨外面血管截痕部)和尾动脉为宜。马在颌外动脉(下颌骨内面血管截痕部)最明显。中小型动物则以股动脉为宜。

检查颌外动脉时,检查者位于动物头部一侧,一手紧握笼头,一手食指、中指相并放于下颌支外侧,轻压感知脉管搏动状态。

检查尾动脉时,检查者位于家畜臀部后方,一手握尾梢部,检手(右手)的食指及中指放于尾根部腹面正中尾动脉处,拇指放于尾的背侧。

检查股动脉时,检查者用一手(左手)握住动物的一侧后肢的下部,检手(右手)的食指及中指放于股内侧的股动脉上,拇指放于股外侧。

（2）检查内容

1）脉搏的频率：计数每分钟脉管搏动次数。

各种动物正常脉搏次数（次/min）：马、骡子30～45次/min，猪60～80次/min，牛40～80次/min，家禽（心跳）120～200次/min，水牛40～60次/min，兔子120～140次/min，羊60～80次/min，犬70～160次/min，猫110～240次/min。

正常时，脉搏的频率受各种因素（如运动、采食、兴奋、妊娠等）的影响。常见的病理情况有：①脉数增加，见于热性病、心脏衰弱、腹痛病过程中，脉数增加至120次/min以上者表示预后不良；②脉数减少，见于脑病（如脑内压升高）及某些中毒症。

2）脉搏的性质：即脉性，指脉搏大小，脉管紧张度、充盈度，脉搏升降速度，在诊脉过程中要仔细辨别。

健康动物的脉性表现为：脉管有一定的弹性，搏动的强度中等，脉管内的血液充盈适度。

病理情况下，动物主要表现：脉搏搏动的振幅较大称为大脉，振幅过小称为小脉；脉搏的力量较强称为强脉，力量微弱称为弱脉；脉管壁较为松弛称为软脉，脉管壁过于紧张而有硬感称为硬脉；脉管内血量过度充盈称为实脉，血量充盈不足称为虚脉。

较强的、大的、充实的、较软的脉搏，表示心机能良好；较弱的、小的脉搏，多提示心脏机能衰弱；脉搏的极度微弱，甚至不感于手，多反映心机能的重度衰竭。

明显的硬脉，可见于伴有剧痛性的病理过程；虚脉是失血、失水的标志。

3）脉搏的节律：指再次脉搏的间隔时间的均匀性及每次搏动的强弱。正常脉搏的间隔时间均等且强度一致，称节律脉。当间隔时间不等、强度不一，则称脉律不齐。

2. 体表静脉的检查

（1）检查方法：主要观察体表静脉（颈静脉、胸外静脉等）的充盈度及静脉波动。

（2）静脉充盈：外观静脉部位突起怒张，呈索状，表示静脉淤血，见于各种原因引起的心力衰竭以及牛创伤性心包炎。

（3）静脉波动：指随心脏活动而颈静脉由颈基部向颈上部的逆行波动，正常时其波动常不超过颈的1/3，牛较马稍高。如超过颈部1/3以上多为病理现象，要注意区分。

1）心房性颈静脉波动（阴性波动）：其特征为逆行波超过1/3以上，出现于心搏动前，指压颈静脉中部则近心端逆波消失。

2）心室性颈静脉波动（阳性波动）：其特征为逆行波出现于心收缩期，与心搏动一致，指压颈静脉中部，近心端逆行波仍有波动，见于三尖瓣闭锁不全。

3）伪性波动：其特征为指压颈静脉中部、两端均有波动，表示动脉波动强盛。

检查时同时注意波动出现的时期，与心搏动时间是否一致而综合判定。

颈静脉波动性质的判定见表5-3。

表5-3 颈静脉波动性质的判定

	阴性波动	阳性波动	伪性波动
与心脏活动的关系	与心房收缩一致	与心室收缩一致	与心搏动一致
与动脉脉搏的关系	不一致	一致	一致
手指压迫颈静脉中部的效应	近心端与远心端的波动明显减弱	远心端波动消失，近心端仍波动	近心端及远心端的波动均不消失
心动过速的影响	明显	明显	不明显

思考题

（1）简述心脏、脉管的检查方法、内容及注意事项。

（2）说明心音、脉搏的病理变化及临床意义。

（3）在拥有现代先进诊疗设备的情况下，叩诊还有没有实用价值？

实验六 呼吸系统的检查

实验目的及要求

（1）掌握牛和马属动物肺叩诊区的确定方法。

（2）掌握肺部的听诊方法，要求能够正确区分肺泡呼吸音和支气管呼吸音。

（3）了解胸廓和呼吸运动的检查方法。

（4）了解呼吸器官及其机能的病理改变和临床意义。

实验动物

牛、羊、驴或马若干。

实验器材

保定栏、牛鼻钳、保定绳、听诊器、叩诊器、叩诊板、体温计、灭菌液状石蜡油、酒精棉球、大毛巾、标签纸、秒表。

实验内容

一、鼻液、呼出气息和咳嗽的检查

1. 鼻液的检查

通过视诊，观察鼻液的有无（除了健康家畜牛有少量浆液性鼻液，其他家畜均无鼻液）、鼻液量的多少、一侧流出还是两侧流出、性质（浆液性、黏液性、脓性、出血性脓性）、流出时间以及是否有混杂物等。

2. 呼出气息的检查

检查时，保定家畜，一手固定头部，一手以手背放在鼻孔前方，不要碰到鼻唇周围的触毛，主要感觉呼出气的温度、气流强度，感觉温度、强度有否一侧强一侧弱。然后用手扇动呼出气，用鼻闻呼出气味是否有腐败恶臭味。

3. 咳嗽检查

（1）检查方法

先询问有无咳嗽，并注意听取其自发性咳嗽，辨别是经常性还是自发性咳嗽，有无疼痛，鼻液及其他伴随症状，必要时做人工诱咳，以确定咳嗽的性质。

1）马属动物的人工诱咳法：检查者位于家畜胸前的侧方。在左侧时，右手扶于鬐甲上以固定家畜，左手的拇指与其余四指相对，卡放在喉头勺状软骨及气管第一、第二软骨环处，适当加压，并由上向下捏压滑动，以诱发咳嗽。

2）牛的人工诱咳法：可用多层湿润毛巾遮盖鼻孔后一段时间，迅速放开，使之深吸气诱发咳嗽（见图6-1）。在怀疑病牛有严重的肺水肿、肺炎、胸膜肺炎合并心机能紊乱者宜用。

3）小型动物的人工诱咳法：短时间闭塞鼻孔、捏压喉部或叩击胸壁均能引起咳嗽。

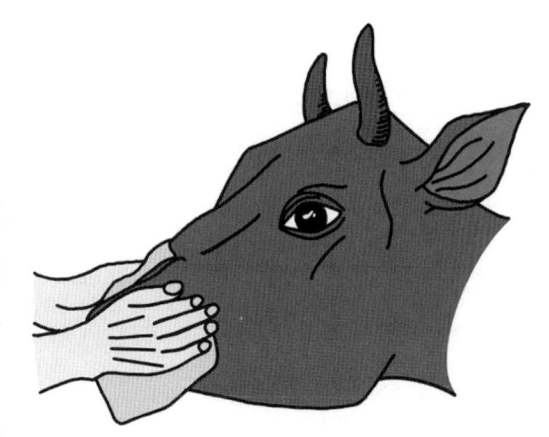

图6-1 牛的人工诱咳法
（仿林立中，1982年）

（2）检查内容

咳嗽时应注意：咳嗽的次数（频咳/稀咳）、咳嗽的力量（强咳/弱咳）、咳嗽的性质（干咳/湿咳）、咳嗽有无疼痛表现（若咳嗽时频频咀嚼吞咽，摆头刨蹄，则表明有疼痛）。

二、上呼吸道的检查

主要检查鼻黏膜、喉和气管。

1. 鼻黏膜的检查

将牛头对着自然光线，一手提鼻绳，另一手的拇指和中指把鼻软骨向外拉开，就可以看见鼻黏膜了。检查时应注意鼻黏膜的颜色，有无肿胀、结节、溃疡、瘢痕、异物、虫体等。正常时鼻黏膜颜色是蔷薇红色或青红色，湿润而有光泽，表面还有小点状凸凹不平。

2. 喉和气管的检查

喉和气管的外部检查，主要采用视诊、触诊和听诊。观察喉部有无肿胀，检查者站于家畜的前方，一手执笼头，另一手从喉头和气管的两侧进行。触诊肿胀形状、性状、有无热痛，听诊有无呼吸音增强、狭窄、啰音。

三、胸廓的检查

1. 胸廓的视诊

（1）健康动物呼吸平顺，胸廓两侧对称，脊柱平直，胸壁完整，肋间隙的宽度均匀。

（2）注意观察动物呼吸状态、胸廓的形状和对称性；胸壁有无损伤、变形；肋骨与肋软骨结合处有无肿胀或隆起；肋骨有无变化，肋间隙有无变宽或变窄，凸出或凹陷现象；胸前、胸下有无浮肿等。

（3）桶状胸见于肺气肿，扁平胸见于骨软病，鸡胸见于佝偻病，两侧不对称见于一侧肋骨骨折或肺气肿。

2. 胸廓的触诊

（1）健康动物触诊无热、痛。

（2）胸廓触诊主要观察胸壁的敏感性、感知温度、湿度及肿物的性状，并注意肋骨是否变形及骨折等。

（3）触诊胸壁敏感，有摩擦感，见于胸膜炎；肋骨肿胀、变形，见于佝偻病。

3. 病理变化

（1）狭胸（扁平胸）：圆筒状胸（桶状胸）和单侧气胸。

（2）触诊胸壁时，动物回视、躲避、反抗，是胸壁反应敏感。

（3）鸡胸：胸骨柄明显向前突出称为鸡胸。常伴有幼畜的各条肋骨与肋软骨结合处呈串珠状肿，是佝偻病的特征。鸡的胸骨脊弯曲、变形，提示钙缺乏。

四、呼吸运动的检查

该检查应该在安静且无外界干扰的情况下进行。

1. 检查方法

让动物安静伫立，不加保定，检查者位于动物的后侧方（前侧方）2m左右处，观察胸壁和腹壁的起伏动作，同时注意以下几点。

（1）其动作的协调性、强度、频率，而后在正后方对照观察左右胸壁起伏动作强度是否一致。

（2）每次动作的强度、间隔时间是否均等。

（3）观察病畜鼻翼的扇动，胸、腹壁起伏和肛门的抽动现象，并注意头、颈、躯干、四肢状态和姿势。

（4）听取呼吸时是否出现喘息的声音。

2. 呼吸数的测定

在动物安静状态下，观察其胸腹壁的起伏运动，每一次起伏算一次呼吸，以1min作为单位时间计算。家畜呼吸次数也可通过鼻翼开张动作计算，也可以将手掌置于动物鼻孔前方感觉呼出的气流，或将两撮长毛分别置于动物两鼻孔前方观察长毛被吹动的情况（见图6-2）。冬季可直接计数呼出气流的次数。当呼吸动作微弱，难以计算，也可直接采用听诊的方法记取，一般应计测2min的次数而后取平均数作为呼吸数。

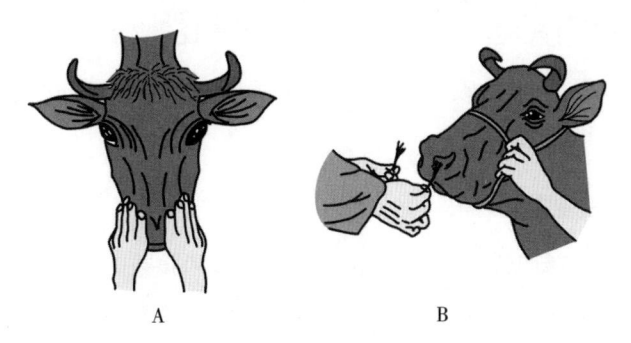

图6-2 呼吸数检查模式

（仿林立中，1982年）

健康动物的呼吸次数及其变动范围（次/min）：马、骡子8～16次/min，黄牛、乳牛10～30次/min，水牛10～50次/min，羊12～30次/min，猪18～30次/min，兔子50～60次/min，猫、犬10～30次/min，鸡15～30次/min。

在分析中，应注意动物的年龄、性别、品种、有无妊娠、营养状况以及气候、环境因素等，因这些因素常影响其呼吸次数。不能把这些因素所引起的呼吸次数的变化看作是病理变化。

3. 呼吸类型的检查

（1）检查者位于病畜的后侧方，观察吸气与呼气时胸廓与腹壁起伏动作的协调性和动作，以此判断是否是健康的呼吸方式。

（2）健康动物一般为胸腹式呼吸，即在呼吸时，胸壁和腹壁的动作很协调，强度大致相等，亦称为混合式呼吸，只有犬例外，为胸式呼吸。当呼吸类型发生改变，则说明胸部或腹部的运动机能受阻，应进一步分析。

（3）病理表现有胸式呼吸和腹式呼吸。胸式呼吸见于腹部疾病，如胃扩张、肠臌气、腹腔积液等；腹式呼吸见于胸部疾病，如胸膜炎、肺气肿等。

4. 呼吸节律的检查

（1）检查者位于病畜的侧方，观察每次呼吸动作的强度、间隔时间是否均等。

（2）健康动物在吸气后紧随呼气，经短时间休息后，再行下次呼吸。每次呼吸的时间间隔和强度大致均等，吸气与呼气之比为：马1:1.8，牛1:1.2，绵羊1:1，山羊1:2.7，猪1:1。正常情况下，其节律常受兴奋、运动、恐惧及闻嗅等因素的影响，而有暂时性的改变，但很快恢复。

（3）如节律改变且短时不易恢复者，常为病理现象。病理性呼吸节律分为吸气延长、呼气延长、间断性呼吸、陈-施二氏呼吸、毕欧特氏呼吸和库斯茂尔氏呼吸等。

5. 呼吸的对称性检查

（1）检查者站于病畜正后方，对照观察两侧胸壁和腹壁的起伏动作是否一致。

（2）健康动物呼吸时，两侧胸壁和腹壁起伏动作的强度一致。一侧胸腔或腹腔器官或胸壁或腹壁发生疾病时，可导致呼吸不对称。

6. 呼吸困难的检查

（1）检查者仔细观察病畜鼻翼的煽动情况及胸壁、腹壁的起伏和肛门的抽动情况，注意头颈、躯干和四肢的状态和姿势，并注意听取粗重的呼吸音。

（2）健康动物呼吸时，自然而平顺，动作协调而不费力，呼吸频率相对正常，节律整齐，肛门无明显抽动。

（3）吸气性呼吸困难：病畜表现为头颈平伸，鼻孔张开，形如喇叭，两肘外展，胸壁扩张，肋骨凹陷，肛门有明显抽动，甚至呈张口呼吸。吸气延长时，可听到明显的呼吸狭窄音。

（4）呼气性呼吸困难：吸气时间延长，呈二段呼出。补助呼气肌参与活动，腹肌极度收缩，沿季肋缘出现喘线。

（5）混合性呼吸困难：具有以上两型的特征，但狭窄音多不明显而呼吸频率常明显增多。

7. 呛逆（膈肌病）

亦称跳呃，特征为腹部和肷部发生节律性的特殊跳动，严重时可听到逆呃声。

五、胸肺的叩诊

1. 肺叩诊区的确定

肺脏叩诊区的界限，各种家畜不一样。但其上界和前界基本上相同，主要得记住后下界（后弧界）的区别。

（1）牛肺叩诊区的确定：上界为与脊柱平行的直线，并距离背中线约一掌宽；前界起点为肩胛骨后角，然后为沿肘肌向下所画的类似"S"形的曲线，止于第四肋间；后界由第十二肋和胸椎的交界点开始，向下、向前所画的弧线与髋结节水平线交于第十一肋间，与肩关节水平线交于第八肋间，最后止于第四肋间。

（2）马属动物肺叩诊区的确定：马属动物的肺叩诊区近似一个直角三角形。上界为与脊柱平行的直线，并距离背中线约一掌宽；前界起点为肩胛骨后角沿肘肌向下所画的直线，止于第五肋间；后界起始于第十七肋与胸椎的交界点，与髋结节水平线交于第十六肋间，与坐骨结节水平线交于第十四肋间，与肩关节水平线交于第十肋间，止于第五肋间。

(3) 羊的后下界：髋结节水平线与第十一肋间交点及肩关节水平线与第八肋间交点的连线，其下端终止于第四肋骨。

(4) 猪的后下界：髋结节水平线与第十一肋间交点，坐骨结节水平线与第九肋间交点，肩关节水平线与第七肋间交点，三点连线终止于第四肋间。

后界均为弧线。

2. 叩诊方法

叩诊时，一手持叩诊板，顺着肋间隙，纵放，密贴；另一手持叩诊锤，以腕关节做轴，垂直地向叩诊板上做短促的叩击。一般每点连续叩击两三下，再移至另一处。叩诊肺区时，应沿肋骨水平线，由前至后依次进行，称为肺区水平叩诊法。也可自上而下沿肋间隙进行，称为垂直叩诊法。不论应用哪一种方法都应完整叩完整个肺部，进行对比分析，而不应该孤立地叩诊某一点或某一部分。

3. 叩诊的注意事项

(1) 叩诊胸肺时，必须在较为宽敞的室内进行，这样才能产生良好的共鸣效果。若在狭小的房屋或在露天环境进行叩诊往往不能获得满意的结果。

(2) 叩诊时室内要安静，避免任何嘈杂声音的干扰。

(3) 叩诊的强度要均匀一致，切勿一轻一重。如此才能比较两侧对称部位的影响。但为了探查病灶的深浅及病变的性质，轻重叩诊可交替使用。因为轻叩不易发现处于深部的病变，重叩不能检查出浅在的病灶。

(4) 叩诊胸肺时，不但要有正确的叩诊方法，而且还要准确地判断叩诊音的变化。为此，必须熟悉正常叩诊音，才能发现和辨别病理性叩诊音。

(5) 叩诊胸肺时，要注意病畜的表现，有无咳嗽和疼痛不安的现象出现。

4. 正常肺区叩诊音

健康大型动物的肺区叩诊音一般为清音，以肺的中 1/3 最为清楚，而上 1/3 和下 1/3 声音逐渐变弱。而肺的边缘则近似半浊音。

5. 叩诊音的病理变化

(1) 胸部叩诊时可出现疼痛性反应，表现为咳嗽、躲闪、回视和反抗。

（2）肺叩诊区扩大见于肺气肿、气胸等，肺叩诊区缩小见于胃扩张、肠臌气等。

（3）肺区叩诊出现浊音、半浊音、水平浊音，见于肺炎、胸腔积液等；出现过清音、鼓音或金属音，见于肺气肿、肺空洞或气胸等。

六、胸肺的听诊

1. 听诊方法

（1）肺听诊区与叩诊区大致相同，采用直接听诊或间接听诊。

（2）听诊时，应先从呼吸音较强的部位即胸廓的中部开始，然后再依次听取肺区的上部、后部和下部。

（3）每一听诊点间隔 3～4cm，在每一点上至少听取 2～3 次呼吸音；且须注意听诊音与呼吸活动之间的关系。

（4）直接听诊：先于胸廓体表，盖一块听诊布作为垫子，以防污染，听诊左（右）侧胸肺时，检查者立于左（右）侧，侧身面对家畜头部方向，右（左）手扶于背腰做一支点，左（右）手扶于肩关节部做支撑，左（右）脚向前，在右（左）脚向后呈半蹲式，检查者将右（左）耳贴于听诊布上，安静、仔细地听取呼吸音。

（5）间接听诊：姿势同前，先戴好听诊器，一手持听诊器听头，轻压于胸壁，瘦弱家畜宜放在肋间，另一手放于脊背做支撑（如在柱栏内站立保定，可不用手做支撑）。听诊时可由上至下、由前至后，逐肋听取。也可以先从呼吸音最强的中部开始，然后依次听取肺区的上部、后部和下部。每点听 2～3 次呼吸，然后移动听诊器，继续听诊。如果呼吸音微弱难以分辨，可牵遛或驱赶家畜，然后迅速听诊。

2. 听诊内容

（1）肺泡呼吸音于吸气阶段较为清楚，呈"呋呋"的声音。整个肺区均可听到，但以肺区中部最为明显。

（2）支气管呼吸音于呼气阶段最为明显，呈"赫赫"声音，但并非纯粹的支气管呼吸音，而是带有肺泡呼吸音的混合呼吸音。

（3）听诊音的病理变化：

1）肺泡呼吸音增强：整个肺区出现粗糙的肺泡音。

2）肺泡音减弱或消失：因肺组织的炎性浸润实变，弹性减弱或消失，进入肺内空气量减少或呼吸音传导障碍所致。

3）病理性支气管呼吸音：马的肺部听到支气管呼吸音一般是病理性的，其他家畜在正常范围外的其他部位出现支气管呼吸音亦为病理性的。

4）病理性混合性呼吸音：特征为吸气时为肺泡呼吸音，音性柔和，而呼气时为支气管呼吸音，音性粗糙，其音类似"呋－赫"。

5）啰音：有干啰音和湿啰音之别。啰音的出现表示支气管黏膜发炎、肿胀或痉挛，或者支气管内有黏稠分泌物存在。干啰音类似口哨音、笛音、飞筋音等，音调强、长而高朗。湿啰音类似水泡破裂音、含漱音。它们都可以随咳嗽而移动、消失。

6）捻发音：是一种细小、均匀、类似耳际捻发时发出的噼啪音。它的发生是因为在呼气时肺泡壁黏合在一起，吸气时气流又将肺泡壁分开，所以出现于吸气之末。吸气顶点最清楚，咳嗽后不消失。

7）胸膜摩擦音：出现于吸气末期及呼气初期，呈断续性，类似两粗糙面的摩擦的声音。胸膜摩擦音是纤维素性胸膜炎的特征。

应注意区别胸膜摩擦音、小水泡音及其他杂音。

思考题

（1）肺区叩诊对于肺脏疾病的诊断有何意义？

（2）如何才能将胸、肺听诊和叩诊发挥至极致？

（3）发生肺脏疾病时，胸部叩诊音的变化和听诊音的变化有何内在联系？

（4）呼吸器官检查的内容及方法是什么？

（5）简述马、牛肺部叩诊的界限，正常的肺部叩诊音和听诊音；病理情况下会出现哪些变化，有何临床意义。

实验七　消化系统的检查（一）

实验目的及要求

（1）掌握马属动物胃肠的检查方法。
（2）通过反刍动物消化系统检查，掌握一般家畜消化系统的检查方法。
（3）掌握口腔、食道、腹部及胃肠检查的操作技术、检查内容及其临床意义。
（4）理解粪便感官检查在消化系统疾病诊断中的意义。

实验动物

牛、羊、驴或马若干。

实验器材

保定栏、牛鼻钳、保定绳、听诊器、叩诊锤、叩诊板、体温计、灭菌液状石蜡油、酒精棉球、螺旋开口器、重型开口器、木质开口器（见图7-1）、木棒、精密pH试纸（pH6.5～8.5）、棉签、酒精灯、显微镜、玻片和盖玻片、生理盐水、1%邻甲联苯胺溶液、3%过氧化氢液、金属探测仪。

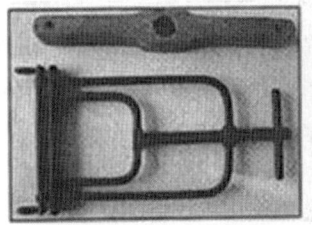

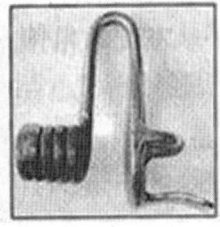

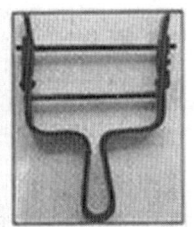

图7-1　开口器

实验内容

一、马属动物腹部的视诊与触诊

1. 视诊

检查者须站立在动物的正前方或正后方,主要观察其腹部轮廓、外形、容积及肷部的充满程度,应做左右侧对照比较,主要判定其膨大及缩小的变化。膨大见于胃扩张、肠臌气等,缩小见于长期营养不良或慢性消耗性疾病等。

2. 触诊

检查者位于动物的腹侧,一手放于动物背部,以另一手的手掌平放于腹侧壁或下侧方,用腕力做间断冲击触诊,或以手指垂直向腹壁做冲击式触诊,以感知腹肌的紧张度、腹腔内容物的性状并观察动物的反应。

二、马属动物胃肠的听诊和叩诊

1. 胃肠的体表投影

(1) 胃在左侧第十四至十七肋间髋结节水平线上。

(2) 小结肠在左肷部上 1/3 处,小肠在右肷部中 1/3,左侧大结肠在左腹部下 1/3,盲肠在右肷部,右大结肠在右侧肋骨弓下方。

2. 听诊

(1) 胃蠕动音一般不易听到,对于胃扩张的病例,有时可以听到"沙沙"声、流水声或金属音;小肠蠕动音为流水声或含漱音,每分钟 8～12 次;大肠音如雷鸣声或远炮声,每分钟 4～6 次。

(2) 肠音听诊主要判定其频率、性质、强度和持续时间,听诊时应对两侧各部进行普遍检查,并且每一听诊点至少听取 1min 以上。

3. 叩诊

(1) 对靠近腹壁的肠管进行叩诊时,依其内容物性状不同,其音响也不同。正常时盲肠基部呈鼓音,盲肠体、大结肠则可呈浊音或半浊音。

(2) 叩诊对于肠臌气的诊断具有重要意义。

三、对牛采食、饮水、咀嚼、吞咽、反刍、嗳气等的观察

1. 检查方法

通过视诊，观察饥饿时牛采食粗料、精料及饮水等过程中咀嚼、吞咽、反刍、嗳气的动作。

2. 正常状态

牛采食时，用舌卷取饲草和饲料，饮水时将唇微开形成小孔状，靠舌和两颊吸吮。健康牛的咀嚼有力，采食津津有味。一般采食后经 30~60min 开始反刍，每昼夜反刍 4~8 次，每次反刍持续时间为 20~60min 不等，每个食团再咀嚼 40~60 次（水牛为 40~45 次）。高产乳牛的反刍次数较多且每次时间长，羊的反刍活动较牛快。牛的嗳气每小时有 20~30 次，嗳出的气体沿食道沟自下而上形成移动波。有时可听到咕噜声。

3. 病理变化

（1）食欲减少或废绝：家畜采食量明显减少或食欲完全丧失，多见于消化器官的各种疾病、热性病及其他疾病。

（2）食欲亢进：表现食欲旺盛，多见于肠道寄生虫病及某些代谢病。

（3）异嗜：病畜采食平常不吃的物质，如泥土、粪尿、被毛等。多见于某些矿物质缺乏、微量元素缺乏等疾病，也见于慢性胃肠卡他。

（4）咀嚼障碍：常在咀嚼中突然停止并张口，饲料脱出口外，多见于口黏膜、舌、齿的疾病，如口炎、舌伤、过长齿、氟中毒等。

（5）吞咽障碍：吞咽中止，常从鼻孔逆出饲料和饮水，伸颈，摇头，常见于咽炎、食道梗塞等疾病。

（6）反刍功能减弱：表现为反刍开始的时间延迟，每昼夜反刍次数减少，每次反刍持续时间很短，每次再咀嚼次数减少，见于前胃疾病、发热性疾病。

（7）反刍停止：完全不反刍，是病情严重的标志之一。

（8）嗳气减少或停止：见于前胃疾病及食道梗塞等。

四、口腔、咽、食道的检查

（一）口腔的检查

1. 检查方法与内容

通常采用视诊、触诊和嗅诊进行检查，观察其口唇状态，口黏膜色泽、温度、湿度，口腔气味，黏膜损伤情况及舌、齿的状态等。

2. 牛的开口法

（1）徒手开口法：检查者立于牛的左前侧，左手紧握牛鼻中隔或抓住鼻绳向上提起，右手从左侧口角伸入，并握住舌体向侧方拉出，口腔即可开张（见图7-2）。

注意事项：①徒手开口时，应注意防止咬伤手指；②拉出舌体时，不可用力过大，以防舌系带的损伤。

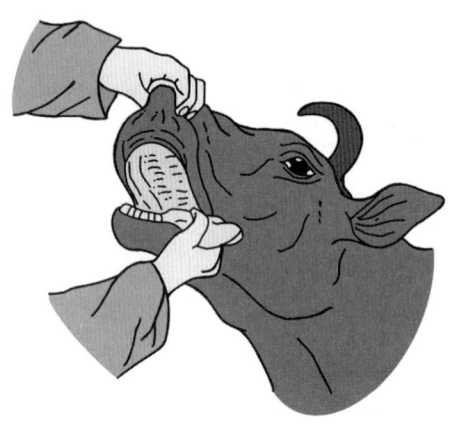

图7-2 徒手开口法模式
（仿林立中，1982年）

（2）开口器开口法：可用单手开口器。检查者站于牛前方，左手抓住鼻中隔或鼻绳，右手握单手开口器，从左侧口角伸入，将开口器螺旋形部分伸入左侧上下臼齿之间，随牛张口，逐渐后送，使口腔张开（见图7-3）。此法可检查右侧颊腔、臼齿，检查左侧时则反方向操作。

图7-3 开口器开口法模式
（仿林立中，1982年）

3. 正常状态

健康牛口腔稍湿润，黏膜呈淡红色，无舌苔。

4. 病理变化

（1）流涎：口腔分泌物增多，见于各型口炎。牛应特别注意口蹄疫、某些中毒及吞咽障碍的疾病。而口腔分泌物减少或干燥，则见于一切热性病及消化器官疾病。

（2）口温增高及口腔黏膜潮红、肿胀：见于口炎及热性病。

（3）口腔膜疱疹、结节、溃疡：应注意口蹄疫。

（4）舌苔：舌面附有一层灰黄、灰白色物质，主要见于热性病及慢性消化障碍。

（5）牙齿磨灭不整：可出现波状齿、阶状齿、剪状齿、锐齿等。

（二）咽部的检查

1. 检查方法和内容

通常进行外部视诊和触诊。视诊应注意动物头颈的姿势及咽部周围有否肿胀。触诊时，检查者面斜向动物头部站于颈侧，两手同时放在其咽部左右两侧，四指并拢，用指腹向咽部轻轻压迫、滑动，以感知其温度、敏感反应及肿胀的硬度和特点。

2. 病理变化

咽部及其周围组织的肿胀、热感，并呈疼痛反应，提示咽炎或咽喉炎。牛咽喉周围的硬性肿物，应注意结核、腮腺炎及放线菌病。

（三）食管的检查

1. 检查方法和内容

主要进行颈部的视诊和触诊，必要时行食管探诊。

（1）视诊：注意吞咽过程中，饮水、食物沿食管沟通过的情况及局部是否有肿胀。

（2）触诊：检查者站于动物颈部左侧，面向后方（或前方），左手垫于右颈沟，右手沿左颈沟自上向下行滑动检查，感知是否有肿胀异物及其硬度，有无波动感及敏感反应。

2. 病理变化

食管梗死时，触诊可发现局部肿大，变硬压迫时牛常呈疼痛反应；阻塞物上方食管常因储积饲料、分泌物而扩张。如扩张内容物为唾液，则触诊呈波动感。

五、牛的腹部及胃肠检查

（一）腹部的检查

1. 检查方法和内容

采用视诊和触诊。

（1）视诊：检查者站在动物的正前方或正后方，主要观察其腹围的大小、轮廓、形状、有无局限性肿胀，胲部的充满程度，左右对称性。

（2）触诊：检查者位于动物腹侧，面向后方，一手放于其背部做支点，另一手放在腹部，以手掌做间断性冲击动作，或手指并拢垂直向腹壁做突击式触压，以感知腹壁的敏感性、紧张度、肿胀情况、内容物的性状及动物反应。

2. 病理变化

（1）腹围膨大：左胲部膨大，见于瘤胃鼓气；腹部下方膨大，触之有波动感，可能是腹腔积水、腹下水肿，见于心脏衰弱、肝硬化。

（2）腹围缩小：见于长期饥饿、剧烈腹泻等疾病。

（二）胃肠的检查

1. 瘤胃的检查

（1）检查方法和内容：可用视诊、触诊、叩诊和听诊进行检查，以触诊和听诊为主。主要了解瘤胃收缩的次数、强度，听取瘤胃蠕动音。

1）视诊：瘤胃视诊主要看腹部的对称性，若左侧膨大，见于瘤胃臌气和瘤胃积食。瘤胃臌气和瘤胃积食可根据触诊、听诊和叩诊检查结果予以鉴别。

2）触诊：检查者站于动物左腹侧，左手放于动物背部，右手将手掌摊平、握拳或屈曲手指，用力紧紧贴放于左侧胲部，使手紧贴于瘤胃壁上，以感知瘤胃蠕动次数和强度（见图7-4）。如欲感知内容物性状，则需用拳头做深部触压。触诊感觉腹壁紧张，触摸不到瘤胃内容物，见于瘤胃臌气。触诊内容物黏硬或粥样，见于瘤胃积食。冲击触诊有拍水音，见于瘤胃硫酸中毒引发的瘤胃积液。

3）叩诊：用拳头或叩诊锤在左胲部进行直接叩击。正常时瘤胃上部为鼓音，由饥饿窝向下逐渐变为浊音。

4）听诊：采用间接听诊，注意瘤胃蠕动次数、强度、性质及持续时间（见图7-5）。

图 7-4　瘤胃触诊
（仿林立中，1982 年）

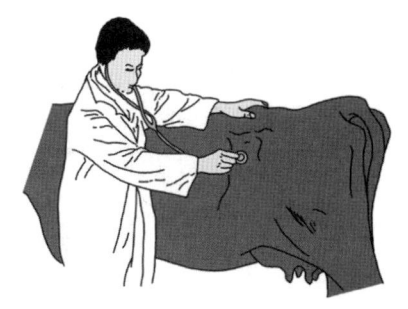

图 7-5　瘤胃听诊
（仿林立中，1982 年）

（2）正常状态：健康牛，触诊瘤胃内容物时，可感觉到如压面团的硬度，并留有压痕（保持约 10s）。随瘤胃的蠕动，可将检手微微顶起，然后逐渐落下，收缩次数为 1～2 次 /min。

听诊时，可听到每次蠕动波由弱到强而后又逐渐减弱的雷鸣声，即瘤胃蠕动音。

（3）病理变化：

1）左肷部隆起，触诊左肷部，皮肤紧张有弹性，叩诊呈鼓音，为瘤胃鼓气的特征。

2）触诊内容物硬固，见于瘤胃积食；内容物稀软，见于前胃弛缓。

3）瘤胃蠕动音增强、次数增多，见于瘤胃膨气初期；蠕动音微弱，次数减少，见于前胃弛缓、瘤胃积食及全身性疾病。

4）瘤胃蠕动停止，见于重剧性疾病。

2. 网胃的检查

（1）检查方法和内容：网胃位于腹腔的左前下方，相当于第六、第七肋间，前缘紧贴横膈，后部位于剑状软骨之上。网胃的检查主要用触诊（包括用强力压迫），以判定网胃的敏感性。有条件时，可用金属探测仪探查网胃内的金属异物。

1）视诊：主要观察病畜的运动状态和姿势。若运步小心，喜欢走上坡路，不喜走下坡路，站立时喜欢前高后低，见于创伤性网胃炎。

2）叩诊：在左侧心区后方的网胃区内，进行直接强叩诊或用拳轻击，观察动物反应。

3）抬压：由两人分别站于动物胸部两侧，各伸一手于剑状软骨下相互握紧。另将一手放于鬐甲部并向下压；同时，两人置于胸下的手一起用力上抬。或先用一木棒横放在剑突下，由二人在两侧同时用力向上抬，并迅速后移压迫网胃，观察动物的反应（见图 7-6）。

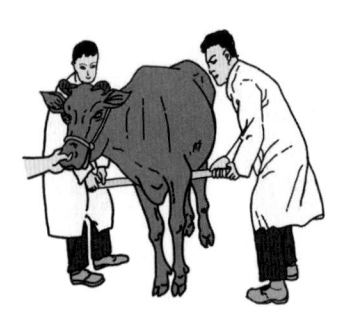

图 7-6 网胃检查——抬压法
（仿林立中，1982 年）

4）拳压法：检查者面向动物蹲于其左胸侧，屈曲右膝于网胃区下，左手握拳并抵于剑状软骨部，将左肘支于左膝上，左膝频频抬高，使左手顶压网胃区，观察动物的反应（见图 7-7）。

图 7-7 网胃检查——拳压法
（仿林立中，1982 年）

5）捏压法：由助手捏起牛的鼻中隔向前牵引，使额线与背线成水平，检查者强捏鬐甲部皮肤。健康牛在被捏压鬐甲部皮肤时，呈现背腰下凹姿势，但并不试图卧下。

（2）临床意义：在进行上述检查时，如动物表现不安、痛苦、呻吟、抗拒或企图卧下时，即为网胃的疼痛反应，则提示创伤性网胃炎。

3. 瓣胃的检查

（1）检查方法和内容：瓣胃位于牛右侧第七至十肋间，肩关节水平线上、下 3cm 的范围内，常用听诊和触诊检查。

1）听诊：听取瓣胃蠕动音，主要判定蠕动音是否减弱或消失。正常蠕动音呈断续微弱的沙沙声或捻发音，常在瘤胃蠕动音之后出现，食后较明显。

2）触诊：可行强力触诊，或以拳轻击或用手指指尖在第七、八、九肋间触压，观察动物有无疼痛反应。

必要时结合穿刺进行检查。

（2）临床意义：

1）瓣胃蠕动音消失：见于瓣胃阻塞。

2）疼痛反应：触诊或压迫时，动物有呻吟、不安表现时，提示瓣胃创伤性炎症，亦可见于瓣胃阻塞或瓣胃炎。

4.真胃的检查

（1）检查方法和内容：牛的真胃位于右侧第九至十一肋间（右侧季肋部），检查方法可行视诊、触诊、叩诊和听诊。

1）视诊：检查右侧腹部皱胃区是否向外突出、左右不对称。

2）听诊：主要判定蠕动音强弱有无改变。正常真胃蠕动音，类似肠音，呈流水声。

3）触诊：沿肋骨弓做深部触诊，即用指尖尽可能插入肋骨弓下方深处，向前下方行强压迫，以感知真胃内容物性状及敏感性（见图7-8）。犊牛可使其侧卧进行深部触诊。

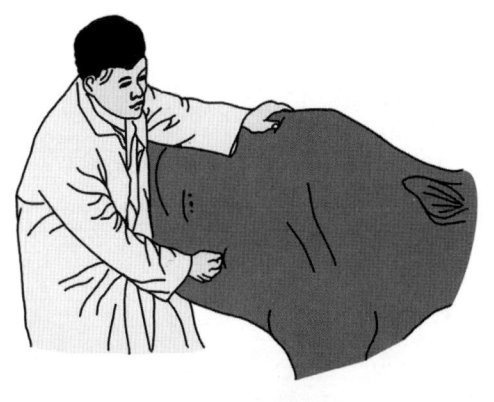

图7-8 真胃触诊

（仿林立中，1982年）

4）叩诊：动物健康正常时，皱胃区叩诊为浊音，出现鼓音或左侧肋骨区叩诊呈全尾音均属于异常。

（2）临床意义：视诊真胃向外侧突出、隆起，提示真胃严重阻塞或扩张。触诊真胃有坚实感，多为真胃阻塞。动物呈敏感反应，则提示有真胃炎或溃疡。冲击、触诊有波动感，并听到拍水音时，提示有真胃扭转或幽门、十二指肠阻塞的可能。听诊真胃蠕动音增强,见于胃肠炎;减弱或消失,见于真胃阻塞。叩诊呈鼓音,提示皱胃扩张;左侧肋骨区叩诊呈鼓音或金属音,多为左侧变位。

5. 肠管的检查

(1)检查方法:反刍动物的肠袢位于腹腔右侧后半部,临床上可进行听诊(见图7-9)或直肠检查。健康牛可在此区内听到短而稀少的肠蠕动音。

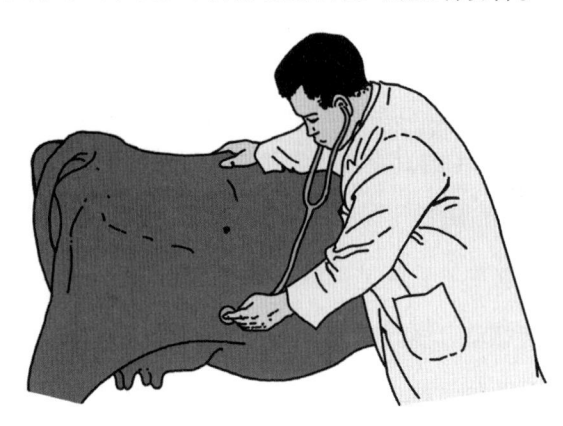

图 7-9 肠道听诊

(仿林立中,1982年)

反刍动物前胃疾病多见,肠的疾病少些,故临床上肠管检查很少做。

(2)临床意义:肠音增强,呈连续不断的流水音,见于胃肠炎;肠音微弱,见于热性病和消化障碍。

六、排粪动作的检查

1. 检查方法和内容

通过视诊观察家畜的排粪动作。正常时,各种家畜均取固有的排粪姿势,背部微拱起,后肢稍开张略向前伸,举尾排粪。

检查时,应注意其排粪次数、排粪是否带痛或失禁现象。

2. 排粪障碍及临床意义

(1)排粪次数频繁,不断排出粥状或液状粪便,称为腹泻,见于胃肠炎及某些传染病。

(2)排粪次数减少,排出干硬、深色的粪便,严重时排粪停止,见于肠阻塞及热性病。

(3)排粪带痛:动物排粪时,拱背努责,表现疼痛不安、呻吟,见于腹膜炎。

（4）里急后重：动物不断做粪姿势，并强烈努责，但仅排出少量粪便或黏液，见于直肠炎。

（5）排粪失禁：动物不做排粪姿势而不自主地排出粪便，见于持续性腹泻或腰荐部脊髓损伤。

七、粪便检查

1. 粪便的感观检查

（1）检查方法和内容

通过视诊观察家畜粪便的形状、硬度、颜色、混合物，并嗅其气味。

（2）正常状态

健康牛粪便较软，落地形成叠层状粪盘。水牛的粪便较稀，黄牛、乳牛的粪便略干。粪便的表面常有适度、发亮的黏液薄层，颜色也常随饲料种类变化而改变。

（3）病理变化及临床意义

1）硬度：粪便变稀，甚至呈水样，多见于肠炎。粪便硬固，粪球干小，见于肠弛缓、便秘及热性病。

2）颜色：除因饲料而异外，如粪便呈黑色，多为胃或前部肠道出血。粪便表面附有红色血液时，是后段肠管出血。

3）气味：健康家畜粪便无特殊难闻气味，当粪便有难闻的腐败或酸臭味时，见于消化不良或胃肠炎。

4）混合物：粪内混有多量黏液，见于肠卡他；混有血液时，见于出血性肠炎。

2. 粪便的化学检验

（1）粪便标本采集

标本需新鲜，一般以自然排出者为宜。采集的粪便应装入洁净而干燥的容器内，以防泥土、水、尿及其他杂物等混入。

采取标本时，要注意采取有血、黏液、脓液等病理成分的部分。

（2）粪便的酸碱度检验

试纸法：先将试纸用中性蒸馏水浸湿，然后贴在被检粪便上，根据试纸颜色的改变，判定粪便的反应。pH 试纸变红为酸性，变蓝则为碱性。

（3）粪便中的潜血检验

1）联苯胺法：取洁净棉签 2 根，滴以生理盐水；一根棉签上涂粪便，另一根作为对照；均置酒精灯上加温片刻，以破坏可能存在的其他过氧化酶，待冷却；各加 1% 邻甲联苯胺溶液及 3% 过氧化氢液各 2 滴，观察颜色的变化。

2）判定：如涂粪便的棉签呈蓝色，而对照的棉签不变色则为阳性反应；如两根棉签均呈蓝色，则为假阳性反应；如两根棉签均不变色，则为阴性反应。

3）临床意义：粪便潜血阳性，见于胃肠道的出血性疾病。

（4）粪便的显微镜检验

既可用于检验寄生虫虫卵和幼虫，还可了解胃肠的消化能力和有无失症。

1）直接涂片法：取洁净载玻片一张，首先滴生理盐水一大滴于其上，再以竹签挑取不同部位的含黏液、血液或脓液等病理产物的粪便少许，在载玻片上与生理盐水混匀后镜检。

2）注意事项：①制备涂片时，粪便厚薄要适当，使能透视报纸字迹为度。必要时可覆加盖玻片。②镜检时先以低倍镜观察，按上下、左右方向逐次移动检查全片，必要时以高倍镜观察。③镜检所见寄生虫虫卵及血细胞，按每低倍或高倍视野中的最低、最高值分别报告。

3）临床意义：直接涂片法简单易行，常用于检验粪便中有无寄生蠕虫卵。此外，在镜检时若发现淀粉颗粒（有同心层结构）多而大，脂肪滴（黄色）或脂肪酸结晶（多呈针状）过多，表示消化不良或胆汁及胰液分泌不足；若发现多量红细胞、白细胞，则表示肠道有炎症。

思考题

（1）为什么肠管检查是马属动物临床检查最重要的内容？

（2）检查家畜饮食欲及采食状态有何临床意义？

（3）口腔检查的方法和内容是什么？有何临床意义？

（4）试述前胃触诊和听诊的内容及临床意义。

（5）粪便检查的内容有哪些？

实验八 消化系统的检查（二）

实验目的及要求

（1）掌握常用的投药技术及其注意事项，并学会鉴别胃管插入食道或气管。
（2）掌握常用的灌洗技术及其注意事项。
（3）了解不同投药法和灌洗术的应用范围。

实验动物

牛、羊、驴或马若干。

实验器材

保定绳、胃管（软硬适宜、粗细口径及长度相应的橡皮管、特制的胃管有其末端闭塞而于近末端的侧方设有开口者，更为适宜）、导尿管、灌肠器、橡胶灌药瓶、开口器、子宫冲洗器、冲洗器、消毒液及各种冲洗药液。

实验内容

一、经鼻给药法

1. 应用

适用于灌服大量水剂或可溶于水的流质药液。投胃管也可用作食道探诊（探查其通透性）、排气（反刍动物）、抽取胃液、排出胃内容物及洗胃。

2. 方法

牛可经鼻或口插入胃管（见图8-1）。

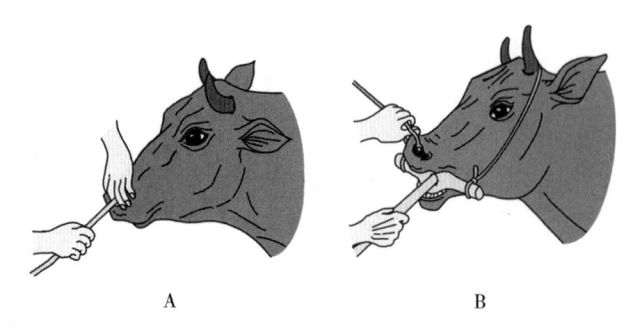

图 8-1　牛经鼻（A）、口（B）插入胃管

（仿林立中，1982 年）

经鼻插入方法如下：

（1）保定牛的头部，人站于其右前方，用左手握住鼻端，右手持胃管，通过左手的指间沿鼻中隔徐徐插入胃管。

（2）待胃管尖端到达咽部后，稍停或轻轻抽动胃管（或从咽喉外部进行按摩）以引起其吞咽动作；随即伴其咽下动作而将胃管插入食道。

（3）明确判定胃管插入食道后，再稍向深部送进，并连接漏斗即时投药。为安全起见，可先投给少量清水，证明无误后再行投药。

（4）投药完毕，再以少量清水冲净胃管内容物，以拇指按紧胃管末端，徐徐抽出胃管。

（5）如以导出胃内容物、吸取胃液或洗胃为目的，还需继续送入胃管，直至其尖端到达胃内，而后再行其他处理。如以食道探诊为目的，胃管前送时阻力过大或很难前进，提示食道梗塞或痉挛、狭窄。

马可经鼻或口插入胃管。

（1）将病畜妥善保定，畜主站在马头左侧握住笼头，固定马头不要过度前伸。

（2）术者站于马头稍右前方，用左手无名指与小指伸入左侧上鼻翼的副鼻腔，中指、食指伸入鼻腔与鼻腔外侧的拇指固定内侧的鼻翼。

（3）右手持胃管将前端通过左手拇指与食指之间沿鼻中隔徐徐插入胃管，同时左手食指、中指与拇指将胃管固定在鼻翼边缘，以防病畜骚动时胃管滑出。

（4）当胃管前端抵达咽部后，随病畜咽下动作将胃管插入食道。有时病畜可能拒绝不咽，推送困难，此时不要勉强推送，应稍停或轻轻抽动胃管（或在咽喉外部进行按摩），诱发吞咽动作，伺机将胃管插入食道。

（5）为了检查胃管是否正确进入食道内，可做充气检查。再将胃管前端推送到颈部下1/3处，在胃管另端连接漏斗，即可投药。也可连接投药液筒，将药液压送入胃内。

（6）投完药后，再灌以少量清水，冲净胃管内残留药液，而后右手将胃管折曲一段，徐徐抽出，当胃管前端退至咽部时，以左手握住胃管与右手一同抽出。用毕胃管洗净后，放在2%煤酚皂溶液中浸泡消毒备用。

二、经口给药法

1. 应用

主要用于少量的水剂药物或粉剂、研碎的片剂，加适量的水而制成溶液、混悬液、糊剂。中药及其煎剂以及片剂、丸剂、舔剂等，各种动物均可应用。例如，苦味健胃剂也要经口给药。

2. 准备

要准备好灌角、投药橡胶瓶、勺子、系上颌保定器、鼻钳、丸剂投药器等。

3. 方法

具体方法依动物种类、剂型及用具不同而异。

（1）马（骡子、驴）经口给药法

1）病畜站立保定，用一条软细绳从柱栏横木铁环中穿过，一端制成圆套从笼头鼻梁下面穿过，套在上颚切齿后方，另一端由助手或畜主拉紧将马头吊起，使口角与耳根平行，助手（畜主）的另一手把住笼头。

2）术者站在右或左前方，一手持药盆，另一手持盛满药液的灌角，自一侧口角通过门、臼齿间的空隙插入口中送向舌根，翻转灌角并提高把柄，将药液灌入，取出灌角，待其咽下后再灌，直至灌完。

3）投给片剂、丸剂或舔剂时，术者用一手从一侧口角伸入拇指顶上颚打开口腔，另一手持药片、药丸或用竹片刮取舔剂，自另一侧口角送入舌根部，同时抽出另一手使其闭口，并用右手托其下颌骨，使头稍高抬，待其自行咽下。

投入丸剂时，可用丸剂投药器，先将药丸装入投药器内，术者持投药器自一侧口角送向舌根部，迅速将药丸打出，同时抽出投药器，使头稍高抬，即可咽下。

（2）牛经口胃管给药法（见图8-2）

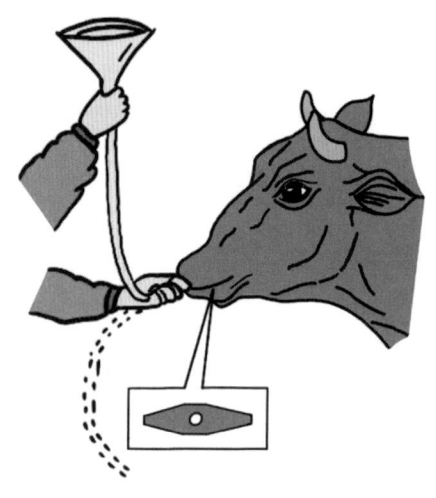

图8-2　牛的经口给药

1）病畜于保定栏内站立保定，装着鼻钳或一手握住角根，另一手握鼻中隔，使头稍高抬，固定头部。而后装着横木开口器，系在两角根后部。

2）术者取备好的胃管（与马经鼻给药相同），从开口器中间的孔隙插入，其前端抵达咽部时，轻轻抽动，以引起吞咽动作，随咽下动作将胃管插入食道。

3）其他操作与马经鼻给药法相同。

4）灌完后，慢慢抽出胃管，再解下开口器。

（3）牛经口瓶子给药法

1）多用特制橡胶瓶，或用长颈玻璃瓶、竹筒代替，保定方法同上。

2）术者站在斜前方，左手从牛的一侧口角处伸入腔，并轻压舌头，右手持盛满药液的药瓶，自另一侧口角伸入舌背部抬高瓶底，并轻轻震抖。如用橡胶瓶时可压挤瓶体促进药液流出，在配合吞咽动作中继续灌服，直至灌完。注意不要连续灌注，以免误咽。片剂、丸剂及舔剂的给药法与马相同。

（4）猪经口给药法（见图8-3）

1）经口胃管给药时，一人抓住猪的两耳，将前躯夹于两腿之间。如果是大猪可用鼻端固定器固定，然后用木棒撬开口腔，并装着横木开口器，系于两耳后固定。术者取

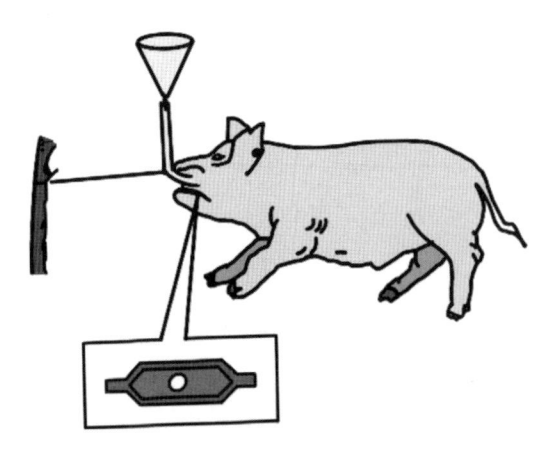

图 8-3　猪的经口给药

胃管（大型动物的导尿管也可），从开口器中央的圆孔间，将胃管插入食道。其他的操作要领与牛的经口胃管给药法相同。

2）哺乳仔猪给药时，助手右手握两后肢，左手从耳后握住头部，并用拇指与食指压住两边口角，使猪呈腹部向前而头向上的姿势，术者一手用小木棒将嘴撬开，另一手用药勺或注射器自口角处，徐徐灌入药液。

3）育成猪或后备猪给药时，助手握住两前肢，使腹部向前将猪提起，并将后躯夹于两腿间，或将猪仰卧在猪槽中。给药时可用小灌角、药勺灌服，方法同小仔猪。

4）如系片剂、丸剂，可直接从口角送入舌背部，舔剂可用小勺或竹片送入。投入药后使病畜闭嘴自行咽下。

（5）犊、羊的给药法

一般采取经口给药，在保定后，按猪的经口给药法进行。

4. 注意事项

（1）每次灌入的药量不宜过多，不要太急，不能连续灌，以防误咽。

（2）头部吊起或仰起的高度，以口角与眼角呈水平线为准，不宜过高。

（3）灌药中，病畜如发生强烈咳嗽时，应立即停止灌药，并使其头部低下，使药液咳出，待其安静后再灌。

（4）猪在号叫时喉门开张，应暂停灌服，停叫后再灌。

（5）当动物咀嚼、吞咽时，如有药液流出，应用药盆接取，以免流失。

（6）胃管给药时的判定与注意事项，同马的经鼻给药法。

5. 胃管插入食道的判断

用胃管投药时，必须注意，只有确切地插入食道后才能投药。如错误地插入气管并不经检查、矫正而投药，则可将药液灌入气管和肺内，继发肺炎或肺坏疽，有时很快导致动物窒息死亡，造成严重事故，绝不可马虎大意！

表 8-1 中的各种方法必须综合应用，假如胃管发生折曲，可能导致判断上的错误，应注意加以区别。

表 8-1 胃管插入食道或气管的鉴别要点

鉴别方法	插入食道内	插入气管内
胃管送入时的感觉	插入时稍感前送有阻力	无阻力
观察咽、食道及动物的动作	胃管前端通过咽部时可引起吞咽动作或停止咀嚼，动物表现安静	无吞咽动作，可引起剧烈咳嗽，动物表现不安
触诊颈沟部	在左侧可摸到在食道内有一坚硬探管	无
将胃管外端放耳边听诊	可闻不规则的咕噜声，但无气流冲耳	随呼吸动作而有强气流冲耳
用鼻嗅诊胃管外端	有胃内酸臭味	无
捏扁橡皮球后再接于胃管外端	接上捏扁的橡皮球后不再鼓起	橡皮球迅速鼓起
用嘴吹入气体	随气流吹入，颈沟部可见明显波动	不见波动
将胃管外端浸入水	水内无气泡或有不规则的气泡	随呼吸动作，水内有规则地出现气泡

三、灌肠

1. 浅部灌肠

（1）方法

用一根胶管，一端插入肛门内，另一端连接吊桶或漏斗，向吊桶或漏斗内灌入温水或肥皂水、淡盐水，高举吊桶或漏斗，液体自行流入直肠内。

（2）应用

向直肠内灌入温水或肥皂水，可使直肠壁弛缓、黏膜滑润，直肠蓄粪软化易排出。临床上多用于大家畜直肠检查前的准备工作，以及治疗各种直肠便秘等。

2. 深部灌肠

（1）方法

借助于肠塞器进行深部灌肠。可根据不同家畜及个体大小不同，选用适合的肠塞器。将肠塞器慢慢地插入肛门内，其胶管一端在直肠内，另一端连接着吊桶或灌注器，可用较大的压力向肠腔内灌注液体。

（2）应用

此法用于马，可以把灌肠液灌注到直肠、小结肠，甚至大结肠的胃状膨大部，可以软化积粪。对伴有肠弛缓的病例，也可用冷水深部灌肠，具有兴奋肠蠕动机能，促进粪便排出的作用。

注意：当有直肠破裂怀疑时，则应禁止灌肠。

3. 注意事项

（1）灌肠时，采用木质或球胆塞肠器插入肛门或直肠内，以固定胶管，防止液体外漏。若不用塞肠器时，可将胶管直接插入肠内，用手把胶管和肛门一起捏住，也可防止液体漏出。

（2）若动物排泄反射强烈时，为使肛门和直肠弛缓，在插管前可用2%普鲁卡因溶液10～20mL进行后海穴注射封闭。

（3）治疗大肠便秘时，灌注后不要立即流出，一段时间后再让其排出，必要时相隔30～60min后再次灌肠。

（4）灌注量不宜过多，防止肠腔过度紧张使肠壁损伤。在灌肠时应细心操作，防止肠壁损伤，引起出血和穿孔。

（5）灌入的液体应加温到与体温相近。

思考题

（1）如何鉴别胃管插入的是食道还是气管？

（2）在临床诊疗中，胃管的插入有何意义？

（3）灌肠的方法有哪些？注意事项是什么？

实验九　瘤胃内容物的检查

实验目的及要求

掌握瘤胃内容物的主要检查内容及其方法，了解其临床意义。

实验动物

牛、羊若干。

实验器材

保定栏、牛鼻钳、保定绳、灭菌液状石蜡油、洗耳球、胃管（软硬适宜、粗细口径及长度相应的橡皮管；特制的胃管其末端闭塞，而于近末端的侧面有开口，长150～200cm，内径1～1.5cm）、电动吸引器或手摇吸引器、0.1%高锰酸钾溶液、清洁纱布、过滤器、广泛pH试纸、显微镜、计数板和特制盖玻片（20mm×26mm盖玻片一张，选厚约0.9mm的玻片割成两块小条，分别粘在盖玻片两端，晾干备用）。

实验内容

一、瘤胃内容物的采集

1. 家畜的准备

确定抽取胃液的家畜，应事先禁食12～16h，然后保定，插入胃管，进行抽液。

2. 瘤胃液的采集

胃管插入食道后，略感受阻，继续向下插入直至胃内，将胃管缓缓抽动，待家畜安静后，即将胃管后端接于抽液装置的接胃管端进行吸取。吸取时不得操之过急，在寒冷天气应注意对采出的内容物进行保温,以免影响纤毛虫的活力。

二、样品的处理

用 4 层清洁纱布过滤,除去瘤胃内容物内的草渣和其他异物。如纱布层数太少,草渣不易除净,效果不好;层数太多,又会把纤毛虫滤去,所以以 4 层为好。

三、实验内容

1. 瘤胃内容物 pH 的测定

因取样方法和取样部位不同,瘤胃内容物的 pH 略有差异。如口腔取样就与胃管取样效果有差异。口腔取样时,因混有唾液常使 pH 增高,这点在实践中要注意。

pH 的测定,一般采用广泛 pH 试纸进行测定。方法是撕一张 pH 试纸,蘸取瘤胃液,与标准色板比较,求得 pH。

健康牛 pH 略呈中性或略偏碱性(pH=6.0~7.0)。病理情况下,如前胃弛缓时偏碱性,酸中毒时偏酸性 pH 达 4 左右。

2. 纤毛虫活力和形态的观察

正常状态下见有大量的纤毛虫,如发现纤毛虫的活力降低,数量减少或死亡,根据其减少或死亡的情况,可辅助推断前胃疾病的严重程度。在严重的胃弛缓或酸中毒时,纤毛虫几乎绝迹,所以纤毛虫活力的降低对诊断前胃疾病有着十分重要的意义。

纤毛虫的活动,可在低倍镜下进行观察。取载玻片一张,用直滴管吸取摇匀的被检瘤胃液一滴,盖上盖玻片置于载物台镜检。注意纤毛虫的形态、大小和运动方式。纤毛虫的形态不一,多数为椭圆形,少数呈圆形,大小差异很大,有的周身有鞭毛,其活动也是多种多样,有的呈直线运动,有的呈摇摆运动,也有的呈翻滚运动,由于身体会收缩前进,所以常见变形。

对纤毛虫计数时识别活体纤毛虫非常重要。

3. 纤毛虫的计数

(1)纤毛虫计数室的准备:取血细胞计数板一块,置于显微镜载物台上,用低倍镜观察找出计数室,然后固定。将已干的盖玻片盖在计数室上。

（2）纤毛虫计数稀释液的制备：取1份50%福尔马林加入9份30%甘油中，混合均匀备用。

（3）样品制备：取1份过滤瘤胃液，加入19份稀释液，制成20倍稀释液备用。

（4）计数：取样品一滴，沿盖玻片边缘滴入，让样品缓缓流入玻片间隙中，稍待片刻，待液体静止不动后即行观察，并计算4个大方格的纤毛虫数，然后按下式计算。

$$纤毛虫数个/cm^3 = \frac{4个大方格纤毛虫数}{4} \times 20 \times 100$$

正常值：（50万～300万）个/cm^3。

日本应用碘染色法计数：取胃液10mL，加稀碘液1滴，虫体内颗粒染成蓝色或黑色，利用白细胞计数法计数。

思考题

怎样进行纤毛虫计数？

实验十　直肠检查

实验目的及要求

（1）掌握直肠检查的准备工作，包括人员的准备、动物的准备和器械的准备。

（2）掌握牛直肠检查的方法。

（3）掌握马属动物直肠检查的方法。

实验动物

2头牛、2头驴或2匹马。

实验器材

保定绳、灌肠器、长臂手套、消毒液、灭菌液状石蜡油。

实验内容

一、实验原理

直肠检查主要用于大型家畜（马、骡子、牛等），是将手伸入动物直肠内，隔着肠壁间接地对后部腹腔器官（胃、肠、肾、脾等）及盆腔器官（子宫、卵巢、腹股沟环、骨盆腔骨骼、大血管等）进行触诊，而对于中、小型家畜在必要时可用手指检查。直肠检查不仅对上述这些部位的疾病诊断及妊娠诊断具有一定价值，而且对某些疾病具有重要的治疗作用（如隔肠破结等）。

1. 准备工作

（1）确实保定：以六柱栏保定为宜，去掉臀革，用绳套系两后肢，为防卧地要加腹带，并应吊起尾巴（或由助手保定好尾巴）。

（2）术者剪短、磨光指甲，露出手臂并涂以润滑油类（液状石蜡油、凡士林等），必要时宜用胶手套。

（3）对腹围膨大病畜应先行穿刺排气，否则腹压过高，不宜检查，特别是横卧保定时，甚至有造成窒息的危险。

（4）对心脏衰弱的病畜，可先给予强心剂。对腹痛剧烈的应先行镇静。

（5）为了更好地检查，可先行温水1000～2000mL灌肠，以缓解直肠的紧张并排除蓄粪以便检查。

2. 操作方法

（1）术者将检手拇指放于掌心，其余四指并拢积聚呈圆锥形，以旋转动作通过肛门进入直肠，当肠内蓄积粪便时应将其取出，再行入手；如膀胱内贮有大量尿液，应按摩、压迫以刺激其反射排空或进行人工导尿术，以利于术者手检。

（2）术者手沿肠腔方向徐徐深入，直至检手套有部分直肠狭窄部肠管为止，方可进行检查。当被检动物频频努责时，术者手可暂停前进或随之后退，即按照"努则退，缩则停，缓则进"的要领进行操作，比较安全。切忌检手未找到肠管方向就盲目前进，或未套入狭窄部就急于检查。当狭窄部套手困难时，可采取胳膊下压肛门的方法，诱导病畜做排粪反应，使狭窄部套在手上，同时还可以减少努责作用。如被检动物过度努责，必要时可用10%普鲁卡因10～30mL做尾骶穴封闭，使直肠及肛门括约肌弛缓而便于检查。

（3）术者手套入部分直肠狭窄部或全部套入后，检手做适当活动，用并拢的手指轻轻向周围触摸，根据脏器的位置、大小、形状、硬度、有无肠袋、易动性及肠系膜状态等，判定病变的脏器、位置、性质和程度。无论何时手指均应并拢，绝不允许叉开并随意抓、搔或锥刺肠壁，切忌粗暴以免损伤肠管。

3. 检查顺序

（1）肛门及直肠检查：检查肛门的紧张程度及其附近有无寄生虫、黏液、血液、肿瘤等，并要注意直肠内容物的多少与性状、黏膜的温度和状态等。

（2）骨盆腔内部检查：术者的手稍向前下方检查可摸到膀胱、子宫等。膀胱位于骨盆腔底部，无尿时，可感触到如梨状大小的物体；当充满尿液时，感觉似一球形囊状物，有弹性、波动感。可触诊骨盆壁是否光滑，有无脏器充塞或粘连现象。如被检牛有后肢运动障碍时，需检查有无骨盆骨折。

二、检查内容

1. 牛的直肠检查

（1）膀胱位于骨盆底部，空虚时触之如拳头大，充满时膀胱壁较紧张，触之有波动感。若呈异常膨大，为膀胱积尿。触之呈敏感反应，膀胱壁增厚，是膀胱炎征兆。

（2）耻骨前缘左侧为庞大瘤胃的上下后盲囊所占据，触摸时表面光滑，呈面团样坚硬，同时可触知瘤胃的蠕动波，如触摸时感到腹内压异常增高，瘤胃上后盲囊抵至骨盆入口处，甚至进入骨盆腔内，多为瘤胃臌气或积食，借其内容物的性状，可进行鉴别。

（3）耻骨前缘的右侧可触摸到盲肠，其尖部常抵入骨盆腔内，可感知有少量气体或软的内容物。右肷部为结肠袢部位，可触到其肠袢排列。在其周围是空肠和回肠，正常时不易触摸到。若触之肠袢呈异常充满而有硬块感时，多为肠阻塞。若有异常硬实肠段，触之敏感，并有部分肠管呈臌气者，多疑为肠套叠或肠变位。

（4）右侧腹腔触之异常空虚，应怀疑真胃左方变位。

（5）正常情况下，真胃及瓣胃是不能被触摸到的。但当真胃幽门部阻塞或真胃扭转继发真胃扩张，或瓣胃阻塞抵至肋弓后缘时，有时于骨盆腔入口的前下方，可摸到其后缘，根据内容物的性状可以鉴别。

（6）沿腹中线一直向前至第 3～6 腰椎下方，可触到左肾，肾体常呈游离状态，随瘤胃的充满而偏于右侧；右肾因位置在前不易摸到。若触之敏感、肾脏增大、肾分叶结构不清者，多提示肾炎。肾盂膨大，一侧或两侧输尿管变粗，多为肾盂肾炎和输尿管炎。

（7）母畜还可触诊子宫及卵巢的大小、性状和形态的变化。公畜触诊副性腺及骨盆部尿路等变化。

2. 马属动物的直肠检查

（1）肛门与直肠：应注意肛门的紧张度，直肠内容物的多少、温度及有无创伤等。

（2）骨盆腔及膀胱：骨盆腔由骨盆构成周壁光滑的空腔，耻骨前缘的前下方为膀胱，空虚无尿时仅呈拳头大小的梨状物体，如充满尿液则呈囊状，触之有波动感。

（3）小结肠：大部分位于骨盆口前方、左侧，小部分位于右侧，肠内的粪便呈鸡蛋大的球状物，多为串球样排列。小结肠位置可移动，故动物采取横卧保定时，应注意其位置变化。

（4）左侧大结肠及盆骨曲：左腹下部触诊大结肠，左下大结肠较长且有纵带及肠袋，左上大结肠较细并无肠袋，重叠于左下大结肠上方、内侧而与之平行，内容物呈捏粉样硬度；左下大结肠行至骨盆前口处弯曲折回，而移行为左上大结肠，此即骨盆曲部，呈一迂回的盲端，约有小臂粗，表面光滑、游离，较易识别。

（5）腹主动脉：位于椎体下方，腹腔顶部，稍偏左侧，触摸时有明显搏动，呈管状物。

（6）左肾：脊柱下方，腹主动脉左侧，第二、三腰椎横突下方，可摸到其后缘，呈半圆形物，并有坚实感。

（7）脾脏：由左侧肾脏区稍向下方至最后肋骨部可触及脾脏的后缘，紧贴左腹壁，呈边缘菲薄的扁平镰刀状，较硬而表面光滑，通常其边缘内部超过最后肋骨。

（8）肠系膜根：再回至主动脉处并向前延伸，可触及肠系膜根部，注意有无动脉瘤；在其后下部为左右横行的十二指肠。在体躯较小的马或采取横卧保定时，可于前方感知胃的后壁边缘。

（9）盲肠基胃膨大部：右侧下方肷部，可触知盲肠底和盲肠体，呈膨大的囊状物，其上部常有一定量的气体而具有弹性。于盲肠的前内侧，腹腔的上 1/3 处，可触知大结肠末端的胃状膨大部。

三、注意事项

（1）对腹痛剧烈的病畜，先行镇静。一般以 1% 普鲁卡因注射液 10～20mL 进行后海穴注射，可使直肠及肛门括约肌弛缓而便于检查。

（2）直肠检查是隔着直肠壁间接进行触诊。因此，在操作时，必须严格遵守常规的方法和要领，以防由于粗暴或马虎大意，造成直肠壁穿孔，导致病畜预后不良的恶果，这点对于初学者尤为重要。

（3）要熟悉腹腔、盆腔及其他部位需要检查的器官、组织的正常解剖位置、解剖结构和生理状态，以便判断病理过程的异常变化。

（4）直肠检查是兽医临床实践较为客观和准确的辅助检查法。但必须与一般临床检查结果及所有症状、治疗进行全面综合分析，才能得出合理正确的诊断。

（5）实践表明，直肠检查法的效果如何、能否在疾病的诊断上起到应有的作用，完全取决于检查者的熟练程度和经验。为此，应在学习和工作中反复多次地练习和掌握。

（6）直肠检查可同时兼有治疗作用，特别是对某些肠段发现的团结粪块可进行按压、破碎，结合深部温水灌肠，可收到显著效果。

思考题

（1）在兽医临床上，什么情况下需要进行直肠检查？

（2）小型动物由于个体较小，在临床检查上只能采取指检。指检在小型动物临床上有哪些具体的应用？

实验十一　泌尿系统的检查

实验目的及要求

（1）掌握肾脏、膀胱和外生殖器的检查方法。
（2）掌握导尿技术。

实验动物

牛、羊驴或马若干。

实验器材

保定栏、牛鼻钳、保定绳、阴道开张器、导尿管、长臂手套、灭菌液状石蜡油、酒精棉球、0.1%高锰酸钾溶液等。

实验内容

一、肾脏的检查

1. 位置

肾脏是一对实质器官，位于脊柱两侧腰下区，包于肾脂肪，右肾一般比左肾靠前。表 11-1 为各种动物的肾脏位置。

表 11-1　各种动物的肾脏位置

动物种类	左肾	右肾
牛	第 3～5 腰椎横突下面	第 12 肋间及第 2～3 腰椎横突下面
马	最后胸椎及第 1～3 腰椎横突下面	最后 2～3 胸椎及第 1 腰椎横突下面

续表

动物种类	左肾	右肾
羊	第1~3腰椎横突下面	第4~6腰椎横突下面
犬	第2~4腰椎横突下面	第1~2腰椎横突下面
猪	第1~4腰椎横突下面	第1~4腰椎横突下面

2. 视诊

当肾脏发生疾病时，动物表现为腰背僵硬，拱起，运步小心，后肢向前移动缓慢；牛有时可呈腰区膨隆，马则表现为腹痛样症状。

3. 触诊

（1）肾脏外部触诊：大型动物可在腰背部强行加压或用拳锤击，也可由腰椎横突下侧向内探触，以观察动物是否呈现敏感反应。中、小型动物（如羊、犬、猫等），取站立姿势时，检查者立于动物后方，两手分别放在体躯两侧，以拇指于其腰背部做支点，其余四指指尖由腰椎之下对腹内侧加压，由前至后或由后至前，也可以由下向上触诊肾脏的大小、硬度及敏感性。动物取横卧姿势时，可将一手置于腰背下方，另一手自上方并拢的手指沿腰椎横突向下加压进行触诊。

（2）直肠内触诊：注意检查肾的大小、硬度、敏感性、表面状态、形态和位置变化等，借以判定肾炎、肾脓肿。

除了以上检查，还应结合检查病畜尿液的物理和化学变化及病畜的其他症状，观察是否有步态结构变化、行走后躯不灵活、细步前进、腰背拱起等现象。

4. 叩诊

健康动物于季肋头前缘倒数第2腰椎、右侧倒数第1腰椎下方可叩诊出肾脏的浊音区，不出现敏感反应。其范围因动物种类和体格大小而不同。病理情况下出现浊音扩大或疼痛表现。

二、膀胱的检查

1. 位置

膀胱位于骨盆腔底部，空虚时触之较软，大如梨状；中度充满时，轮廓明显，其壁较紧张，且有波动；高度充满时，可占据整个骨盆腔。

2. 触诊

（1）大型动物膀胱检查：只能做直肠内部触诊，检查时应注意其位置、大小、充满度、紧张度及有无压痛等。

（2）小型动物如犬的膀胱检查：触诊时宜采取仰卧姿势，用一手在腹中线处由前向后触诊，也可用两只手分别由腹部两侧，逐渐向体中线压迫，以感觉膀胱。当膀胱充满时，可在腹壁耻骨前缘触到一有弹性的球形光滑体，过度充满时可达脐部。检查膀胱内有无结石时，最好用一手指插入直肠，另一手的拇指与食指于腹壁外，将膀胱向后方挤压，以便直肠内的食指容易触到膀胱。

（3）直肠内触诊：检查时应注意膀胱的大小、充满度、波动感、敏感性，有无结石、肿痛、异物和膀胱的位置变化等，以此判定膀胱是否有炎症、麻痹、破裂、膀胱括约肌痉挛等情况。

三、导尿

导尿实质上兼有探诊的目的，主要用于疑似尿道阻塞，也可用于膀胱充盈而不能排尿的情况。除此之外，还可以通过尿道插管进行膀胱冲洗，以及收集尿液等。

1. 公马导尿

站立保定，并固定后肢，检查者蹲在马的右侧，将右手伸入包皮内，抓住龟头，把阴茎拉出一定的长度，用温水洗去污垢后，以无刺激消毒液擦洗尿道外口，将已消毒并涂以润滑剂的导尿管缓慢插入尿道内。当导尿管插至坐骨切迹处，可见马尾轻轻上举，此时如导尿管不能顺利插入时，可由助手在坐骨切迹外施加压力，导管即可转向骨盆腔，再向前推进10cm左右，便进入膀胱，如膀胱内有尿，即可见尿液流出。公牛、公猪、公羊因尿道有乙状弯曲，导尿较为困难。

2. 母马导尿

六柱栏保定，消毒液洗净外阴部。检查者手臂消毒，以一手伸入阴道内摸到尿道外口，用另一只手持母马导尿管沿尿道外口徐徐插入至膀胱内。必要时可使用阴道开张器，打开阴道，便于找到尿道外口。

注意事项：

（1）导尿管要煮沸消毒，用时要涂以润滑油。指甲要剪短，手要消毒，方可进入动物阴道。

（2）导尿管要徐徐插入或拉出，动作应轻柔，防止粗暴，以免损伤尿道黏膜。

（3）必须注意保定，以保证人畜安全。

四、排尿动作的检查

主要通过问诊或视诊，了解和观察动物在排尿过程中的行动和姿势。

1. 健康动物的排尿姿势

（1）公牛和公羊：公牛和公羊排尿时，不做准备动作，阴茎也不伸出包皮外，腹肌也不参与收缩，只靠会阴部尿道的脉冲运动，尿液断续呈股状一排一排地流出，在行走和采食中也可排尿。

（2）母牛和母羊：排尿时，后肢展开、下蹲、举尾、背腰拱起。

（3）马：健康马在运动中不能排尿，正常姿势是前肢略向前伸，腹部和尻部略下沉，公马后肢向后，母马后肢略向前并微弯曲，举尾，先行一次吸气后暂停呼吸，开始排尿，并借助腹肌收缩而尿液呈股状射出。

（4）犬和猫：公犬和公猫排尿常将一后肢抬起翘在墙壁或其他物体，同时将尿液也排在该物体上。母犬（猫）或幼犬（猫）有时坐位也可以排尿。

2. 排尿障碍的检查

（1）频尿和多尿：24h 内排尿次数增多而总量并不增多，称为频尿，多见于膀胱炎。而 24h 内排尿总量增多，而排尿次数并不明显增加，称为多尿，见于慢性肾炎等。

（2）少尿和无尿：24h 内排尿总量减少甚至没有尿液排出，称为少尿或无尿。通常见于循环血量减少的疾病、肾脏本身的疾病和尿路阻塞的疾病。

（3）尿闭：肾脏功能正常，但尿液滞留在膀胱内不能排出，多见于膀胱麻痹和脊髓腰荐段疾病等。

（4）排尿困难和疼痛：病畜通常表现为弓腰或背腰下沉，呻吟，努责，后肢踏地回顾或蹴踢腹部，阴茎下垂，并常引起排尿次数增加，频频试图排尿而无尿排出，或成点滴状排出，通常见于尿道阻塞。

（5）尿失禁：病畜排尿不受控制，未采取一定的准备动作和排尿姿势，尿液不自主地流出，通常见于腰部以上脊髓损伤。

五、尿液的感官检查

1. 尿液颜色

（1）健康动物的尿液因种类、饲料、饮水和出汗等条件不同而有所不同。一般情况下，新鲜尿液均呈深浅不一的黄色，马尿为深黄色，黄牛为淡黄色，水牛和猪呈水样外观。

（2）尿液中含有多量的胆色素时，尿呈棕黄色、黄绿色，振荡后产生黄色泡沫，见于各种类型的黄疸。

（3）尿液呈红色，通常称为红尿，可能是血尿、血红蛋白尿、肌红蛋白尿、卟啉尿或药物红尿等。

2. 透明度

（1）通常情况下，健康动物的新鲜尿液清亮透明，但放置不久就会因磷酸盐沉淀而浑浊。但马属动物的尿液例外，因尿中含有大量悬浮的黏蛋白和不溶性磷酸盐，致使新鲜尿液浑浊不透明。

（2）马属动物尿液变透明、色淡、清亮如水，见于纤维性骨营养不良。

（3）其他动物尿液浑浊，见于泌尿器官疾病或生殖器官疾病。

3. 黏稠度

（1）各种动物的尿液均呈稀薄水样，但马属动物尿中因含有肾脏、肾盂和输尿管内腺体分泌的黏蛋白而带有黏性，有时黏稠如糖浆样而可拉成丝缕。

（2）在各种原因引起的多尿或尿呈酸性反应时，黏稠度减少。

（3）当肾盂、肾脏、膀胱或尿道有炎症而尿中混有大量炎性产物（如黏液、细胞成分或血源性蛋白）时，尿黏稠度增高，甚至呈胶冻状。

4. 气味

（1）不同动物的新鲜尿液，因含有挥发性有机酸，而具有一定的臊臭味。

（2）膀胱炎时，尿液可产生刺鼻的氨臭。

（3）膀胱或尿道有溃疡、坏死、化脓或组织崩解时，尿液有腐败臭味。

（4）羊妊娠毒血症和奶牛酮病，尿液中有酮味，类似于烂苹果的味道。

思考题

（1）泌尿系统检查的方法及临床意义是什么？

（2）母牛如何导尿？应注意些什么？

（3）尿道探诊在泌尿系统疾病诊断中有何意义？

（4）排尿障碍检查和尿液的感官检查对泌尿系统疾病的诊断有何价值？

实验十二　生殖系统的检查

实验目的及要求

（1）掌握大型家畜外生殖器的检查方法。
（2）掌握乳房的检查内容和检查方法。

实验动物

2头牛、2头驴或2匹马。

实验器材

保定绳、阴道开张器、手电筒、温水及消毒液等。

实验内容

一、公畜外生殖器检查

1. 阴囊检查

阴囊内有睾丸、附睾、精索和输精管。检查时应注意睾丸的大小、形状、硬度以及有无隐睾或新生物等。

（1）阴囊检查时，若阴囊呈椭圆形肿大，表面光滑，膨胀，有囊性感，触诊无压痛，有压痕，见于阴囊及阴鞘水肿。

（2）阴囊积液多是阴囊炎的征兆；若通过穿刺发现积液是血性液体，则提示外伤、肿瘤等。

（3）公马发生阴囊疝时，可见阴囊显著增大，有明显的腹痛症状，有时持续而剧烈，触诊阴囊有软坠感，同时阴囊皮肤温度降低，有冰凉感。

2. 睾丸的检查

睾丸检查应注意睾丸的大小、形状、温度及疼痛等。

（1）若睾丸明显肿大、疼痛，阴囊肿大，触诊时局部压痛明显、增温，而且病畜精神沉郁、食欲减退、体温升高、后肢外展、运步障碍，见于睾丸炎。

（2）如发热不退或睾丸肿胀和疼痛不减时，应考虑睾丸化脓性炎症的可能。

3. 精索的检查

精索主要发生精索硬肿，是去势之后的主要并发症。可为一侧或两侧，多伴有阴囊和阴鞘水肿，甚至可引起腹下水肿。触诊精索断端，可发现大小不一、坚硬的肿块，有明显的压痛和运步障碍。

4. 包皮

公猪和公羊最容易发生包皮炎。猪的包皮炎，在其包皮的前端部形成充满包皮垢和浊尿的球形肿胀，同时包皮口周围的阴毛被尿污染，包皮脂和脓秽物黏着在一起，致使其发生排尿障碍。

5. 阴茎和龟头

（1）公畜阴茎损伤、阴茎麻痹、龟头局部肿胀及肿瘤较为多见。

（2）公畜阴茎较长，易发生损伤，受伤后可局部发炎、肿胀或溃烂，见尿道流血、排尿障碍、受伤部位疼痛和尿潴留等症状，严重者可发生阴茎、阴囊、腹下水肿和尿外渗，造成组织感染、化脓和坏死。

（3）龟头肿胀时，局部红肿，发亮，有的发生糜烂，甚至坏死，有多量渗出液外溢，尿道可流出脓性分泌物。

二、母畜外生殖器检查

母畜生殖器包括卵巢、输卵管、子宫、阴道和阴门，其外生殖器主要指阴道和阴门。

1. 阴门的检查

（1）主要注意阴门外有无分泌物和脱垂物等。阴门脱垂物常见于阴道脱出、子宫脱出或胎衣不下等。

（2）阴门外有血性黏液性分泌物见于发情。

（3）阴门中流出浆液性、黏液性或脓性污秽腥臭分泌物，见于阴道炎、子宫内膜炎或子宫蓄脓等。

2. 阴道的检查

（1）阴道检查需借助阴道开张器扩张阴道，并详细观察阴道黏膜的颜色、湿度、损伤、炎症、肿物及溃疡。

（2）健康母畜的阴道黏膜呈淡粉红色，光滑而湿润。发情时，可出现肿胀充血，并有黏性分泌物流出。

（3）阴道黏膜敏感性增高、疼痛、充血、出血、肿胀，见于阴道炎。

（4）阴道黏膜充血、阴道壁紧张，呈螺旋形皱褶，见于子宫扭转。

三、乳房的检查

乳房检查对乳腺疾病的诊断具有很重要的意义。在动物的一般临床检查中，尤其是泌乳母畜，除了要注意全身状态，还应重点检查乳房。检查方法主要用视诊和触诊，并注意乳汁的性状。

1. 视诊

视诊应注意乳房大小、形状，乳房和乳头的皮肤颜色，有无发红、外伤、隆起、结节及脓疱等。牛、绵羊和山羊的乳房皮肤出现疱疹、脓疱及结节多为痘疹、口蹄疫的症状。患乳房炎时，乳房肿胀，乳汁性状改变。

2. 触诊

（1）触诊可确定乳房皮肤的厚薄、温度、硬度及乳房淋巴结的状态，有无脓肿及其硬结部位的大小和疼痛程度。检查乳房温度时，应将手贴于相对称的部位进行比较。检查乳房皮肤厚薄和软硬时，应将皮肤捏成皱襞或由轻到重施压感觉。触诊乳房实质即硬结病灶时，须在挤奶后进行。注意肿胀部位的大小、硬度、压痛及局部温度，有无波动或囊性感觉。

（2）患乳房炎时，炎症部位肿胀、发硬，皮肤呈紫红色，有热、痛反应，有时乳房淋巴结肿大，挤奶不畅。炎症可发生于整个乳房，有时仅限于某一乳区。因此，检查应遍及整个乳房，如脓性乳房炎发生表在脓肿时，可在乳房表面出现丘状突起。奶牛发生乳房炎结核时，乳房淋巴结显著肿大，形成硬结，触诊常无热、痛。

（3）乳汁感官检查，除了隐性乳房炎病例，多数乳房炎患病动物乳汁性状都有变化。检查时，可将各乳区的乳汁分别挤入手心或盛于器皿内进行观察，注意乳汁颜色、稠度和性状。如乳汁浓稠且内含絮状物或纤维蛋白性凝块，或浓汁、带血，多为乳房炎的重要特征，必要时进行乳汁的化学分析和显微镜检查。

思考题

（1）什么情况下需要对母畜外生殖器进行详细检查？

（2）乳房炎是奶牛最常见的疾病，是影响奶牛产奶的最主要的疾病，临床上应该采取哪些检查方法或预防措施确保奶牛乳房的健康？

实验十三　神经系统的检查

实验目的及要求

（1）掌握头颅与脊柱的检查方法。
（2）掌握和了解神经系统临床检查的方法和内容。
（3）了解神经系统检查的临床意义。

实验动物

2头牛，2头驴。

实验器材

保定绳、叩诊锤、针头、手电筒、保定栏、牛鼻钳、酒精棉球、针头、纸卷。

实验内容

一、精神状态的检查

1. 方法

通过视诊，观察动物面容神态和行为，注意眼、耳的动作，身体姿势，运动及各种防卫反应。

2. 病理状态

（1）兴奋、狂躁：动物表现不安、惊恐，轻轻刺激便有强烈反应，严重者不顾障碍向前冲，挣扎脱缰，狂奔乱走。

（2）抑制、昏迷：表现沉郁、嗜睡，甚至昏睡，见于脑、脑膜的充血和炎症。

二、头颅和脊柱的检查

（1）头颅视诊、触诊时注意其形态、大小、温度、硬度及外伤等变化。必要时，可采用直接叩诊法，判定颅骨骨质的变化及颅腔及窦内部的状态，如头颅骨变软，叩诊有浊音区，有压痛，见于多头蚴病及脑肿瘤；头盖部增温，见于脑炎及热射病。

（2）注意脊柱的形态，是否有僵硬、局部肿胀、热痛反应及运步时的灵活情况。详细检查见实验十五。

三、感觉机能的检查

动物的感觉除视、嗅、听、味觉之外，还包括皮肤的痛觉、触觉，腰、肌、关节感觉和内脏感觉。当感觉径路发生病变时，其兴奋性增高，对刺激的传送力增强，轻微刺激可引起强烈的反应，称为感觉过敏；当感觉路径有毁坏性病变传送能力丧失时，对刺激的反应减弱或消失。

1. 痛觉检查

（1）检查时，为避免视觉干扰，应先把动物眼睛遮住，然后用针头以轻微的力量针刺皮肤，观察动物的反应。一般多由感觉较钝的臀部开始，再沿脊柱两侧向前，直至颈侧、头部。对四肢，可做环形针刺，较易发现不同神经区域的异常。

（2）健康动物针刺后立即出现反应，表现为相应部位的肌肉收缩、被毛颤动，或迅速回头、竖耳或做踢咬动作。检查时应注意是否存在感觉减弱、感觉消失或感觉过敏。

2. 深部感觉检查

（1）检查深部感觉，是人为地使动物四肢采取不自然的姿势，如使马的两前肢交叉站立，或将两后肢广为分开。

（2）当人为动作去除后，健康马迅速恢复原来的姿势，当深部感觉发生障碍时，则可较长时间内保持人为的姿势而不改变。

3. 瞳孔的检查

（1）瞳孔检查是用手电筒光从侧方迅速照射瞳孔，观察瞳孔的反应。健康动物在强光照射下，瞳孔迅速缩小；除去强光时，随即复原。

(2)检查时应注意瞳孔放大对光反应消失的变化,尤其是两侧瞳孔散大,对光反应消失。

(3)用手压迫或刺激眼球,眼球不动,表示中脑受侵害,是病情严重的表现。

四、反射机能的检查

反射是神经系统活动的最基本方式,是通过反射弧的结构和机能完成的,故通过反射检查,可辅助判定神经系统的损伤部位。

1. 耳反射

用细针、纸卷、毛束轻触耳内侧皮毛,正常时,动物表现为摇耳和转头。反射中枢在延髓及第1～2节颈髓。

2. 鬐甲反射

用细针、指尖轻触马鬐甲部被毛,正常时,肩部皮肌发生震颤性收缩。反射中枢在第7节颈髓及第1～4节胸髓。

3. 肛门反射

轻触或针刺肛门皮肤,正常时,肛门括约肌产生一连串短而急促的收缩。反射中枢在第4～5节荐髓。

4. 腱反射

用叩诊锤叩击膝中直韧带,正常时,动物后肢膝关节部强力伸张。反射弧包括股神经的感觉、运动纤维和第3～4节腰髓。检查腱反射时,以横卧姿势,抬平被检肢,使肌肉松弛时进行为宜。

五、运动机能的检查

动物的运动,是在大脑皮层的控制下,由运动中枢和传导径以及外周神经元等部分共同完成。健康动物运动协调而有一定的秩序。

运动机能的检查,临床上除进行外科检查外,主要应注意强迫运动、共济失调、不随意运动和瘫痪等。

1. 强迫运动

强迫运动是指不受意识支配和外界因素影响,而出现的强制发生的一种不自主运动。

检查时，应将病畜缰绳、鼻绳等松开，任其自由活动，方能客观地观察其运动情况。

（1）回转运动：病畜按统一方向做圆圈运动，圆圈的直径不变者称为圆圈运动或马场运动；以一肢为中心，其余三肢围绕这一肢在原地转圈者称为时针运动。牛、羊的脑包虫病可发生回转运动。此外，脑炎、李氏杆菌病也会出现回转运动。

（2）盲目运动：是指病畜无目的地徘徊，不注意周围事物，对外界刺激缺乏反应。有时不断前进，一直前进到头顶障碍物而无法再向前走时，则头抵障碍物不动。盲目运动由脑部炎症致大脑皮层额叶或小脑等局部病变或机能障碍引起。

（3）暴进暴退：病畜将头高举或沉下，以常步或速步，跟跄地向前狂进，甚至落入沟塘而不躲避，称为暴进；病畜头颈后仰，颈部痉挛而连续后退，后退时常颤抖，甚至倒地，称为暴退。暴进见于纹状体或视丘受损或视神经中枢被侵害；暴退见于摘除小脑的动物或颈痉挛后角弓反张时，如流行性脑脊髓炎等。

（4）滚转运动：病畜向一侧冲挤、倾倒、强制卧于一侧，或以身体长轴向一侧打滚时，称为滚转运动。滚转时，多伴有头部扭转和脊柱向打滚方向弯曲。出现此种症状，常是迷走神经、听神经、小脑周围的病变，使一侧前庭神经受损，从而迷走神经紧张性消失，以致身体一侧肌肉松弛。此外，剧烈腹痛也可出现滚转运动。

2. 共济失调

（1）静止性失调：是指动物站立时不能保持体位平衡。临床表现为头部摇晃，体躯左右摇摆或偏向一侧，四肢肌肉紧张力降低、软弱、战栗、关节屈曲或摇摆。常四肢分开宽踏，如"酒醉状"。此失调见于小脑、小脑脚、前庭神经或迷走神经受损。

（2）运动性失调：站立时不明显，而在运动过程中出现共济失调。主要表现为后躯跟跄，整个身躯摇晃，步态笨拙；运步时肢高举，并过分向侧方伸出，着地用力，如涉水样步态。此失调见于大脑皮层、小脑、前庭和脊髓损伤时。

1）脊髓性失调：运步时左右摇晃，但头部歪斜。

2）前庭性失调：动物头颈屈曲及平衡遭受破坏，头向患侧歪斜，常伴发眼球震颤，遮蔽其眼时失调加重。

3）小脑性失调：不仅表现为静止性失调，而且表现为运动性失调，只当整个身体依附在固定物或在水中游泳时，运动障碍才会消失。此种失调不伴有眼球震颤，也不因遮眼而加重。

4）大脑性失调：虽能走直线，但身躯向健侧偏斜，甚至在转弯时跌倒。

3. 不随意运动

不随意运动是指病畜意识清楚而不能自行控制肌肉的病态运动。检查不随意运动时，应注意不随意运动的类型、幅度、频率、发生部位和出现时间等。

（1）痉挛：肌肉的不随意收缩称为痉挛，大多数由于大脑皮层受刺激、脑干或基底神经受损伤所致。阵发性痉挛，是单个肌群发起的短暂、迅速、如触电样的一个跟着一个的重复收缩，突然发作，突然停止。强制性痉挛是指肌肉长时间的均等的持续性收缩，如凝结在某种状态一样。而癫痫性痉挛在肌肉收缩上与阵发性痉挛或强直性痉挛相似，只是同时存在意识障碍。

（2）震颤：由于相互拮抗的肌肉的快速、有节律、交替而不太强的收缩产生的颤抖现象。检查时应注意观察其部位、频率、幅度和发生的时间。静止性震颤是静止时出现的震颤，运动后震颤消失，有时在支持一定体位时，震颤再次出现主要是由于基底神经节受损所致。运动性震颤也称为有意向震颤，是指在运动时出现的震颤，主要是由于小脑受损所致。混合型震颤是指静止时和运动时都发生的震颤，临床上常见于过劳、中毒、脑炎和脊髓疾病，有时也见于紧张、惊恐、寒冷或恶寒战栗时。

（3）纤维性震颤：是指单个肌纤维束的轻微收缩，而不扩及整个肌肉，不产生运动小型的轻微性痉挛。临床上常见先从肘肌开始，后延及肩部、颈部和躯干肌肉的某些纤维。

4. 瘫痪

当上、下运动神经元的损伤以致肌肉与脑之间的传导中断，或运动中枢障碍所导致的发生骨骼肌随意运动减弱或丧失，称为瘫痪或麻痹。根据神经系统损伤的解剖部位不同，可分为中枢性瘫痪和外周性瘫痪，两者的鉴别见表13-1。

表13-1 中枢性瘫痪与外周性瘫痪的鉴别

鉴别点	中枢性瘫痪	外周性瘫痪
肌肉张力	增高、痉挛性	降低、弛缓性
肌肉萎缩	缓慢、不明显	迅速、明显
腱反射	亢进	减弱或消失
皮肤反射	减弱或消失	减弱或消失

思考题

（1）简述神经系统检查的内容、方法及临床意义。

（2）不同部位感觉机能减退的临床意义是什么？

（3）什么情况下应该检查动物的反射功能？

实验十四　头部与颈部的检查

实验目的及要求

（1）掌握头部的检查方法。

（2）掌握颈部的检查方法。

实验动物

2头牛、2头驴或2匹马。

实验器材

保定绳、叩诊器、手电筒、开口器。

实验内容

一、头部的检查

（一）头的外形检查

（1）检查者应位于动物头部的正面、侧面进行观察。正常动物头部外形轮廓匀称，耳鼻端正。

（2）注意观察动物头颅的大小、对称性、各部比例及损伤等。尤其要注意由于面神经麻痹引起的单侧肌肉松弛的耳、眼睑、鼻梁、口唇下垂及头部歪斜等。

（二）眼的检查

（1）健康动物眼睑开闭活动正常，眼球明亮，无分泌物，瞳孔对光反射敏感，视力正常。要注意观察动物的眼球、角膜、结膜、巩膜、虹膜及视网膜等有无病变，另外眼睑的内翻、外翻及第三眼睑增生等也要仔细观察。

（2）注意眼睑肿胀，畏光流泪，眼球凹陷、震颤、瞳孔对光的反应等。

（3）瞳孔大小的变化，对疾病的诊断具有重要意义。眼眶下陷常常是脱水的征兆。

（三）鼻子的检查

鼻子的检查，主要是视诊、触诊和嗅诊。检查时，注意鼻子的外观形态、呼吸动作、呼出的气体、鼻液、鼻黏膜等。

1. 鼻子的外观检查

（1）健康动物的鼻镜或鼻盘湿润，并带有少许水珠，触之有凉感。

（2）鼻镜或鼻盘干燥，温度升高，甚至龟裂、出血，白色鼻镜或鼻盘的可见到发绀现象。

（3）鼻孔开张，呈喇叭状，一般提示呼吸困难。

2. 呼出气体的检查

（1）健康动物，呼出气体无异常气味，稍有温热感，两侧气流均匀。

（2）病畜可见两侧呼出气流均匀，有较强的热感，或带有恶臭味、腐败气味、烂苹果味和尿臭味等。

（3）当怀疑有传染病的可能时，检查者应戴口罩，注意公共卫生。

3. 鼻液的检查

检查鼻液首先应注意鼻液的量，其次是注意其性状、颜色、混杂物，以及判断是单侧或双侧问题。

（1）健康的马、骡子等通常无鼻液，寒冷季节可能有微量浆液性鼻液，留有少量浆液性鼻液，常被其舌自然舔去。

（2）病畜有浆液性鼻液，为清亮透明的液体；黏液性鼻液，似蛋清状；脓性鼻液，呈黄白色或淡黄绿色的糊状或膏状，有脓臭味；腐败性鼻液，污秽不洁，带褐色，呈烂桃样或烂鱼肚样，具有尸腐气味。

（3）注意有无出血及出血特征、数量、混杂物、排出时间及单双侧等。

4. 鼻黏膜的检查

（1）马的鼻黏膜检查可分为单手开鼻法和双手开鼻法。单手开鼻法，即一手托住马的下颌，适当高举马头，另一手以拇指和中指捏住其鼻翼软骨和外鼻翼，略向上翻，同时用食指挑起鼻外翼，鼻黏膜即可显露。双手开鼻法，即以双手拇指、中指分别捏住马的鼻翼软骨和外鼻翼，并向上向外拉，则鼻孔扩张，鼻黏膜显露。

（2）其他动物，一般将头抬起，使鼻孔对着阳光或人工光源，即可观察到鼻黏膜。

（3）检查时须做适当保定，并注意预防人畜共患病。

（4）马的鼻黏膜为淡红色，深部略呈蓝红色，湿润有光泽。其他动物的鼻黏膜为淡红色，但有些牛鼻孔周围的鼻黏膜有色素沉着。

（5）病理情况下鼻黏膜可出现潮红肿胀、出血、结节、溃疡、瘢痕，有时可见水疱和肿瘤等。

（四）副鼻窦的检查

（1）借助视诊观察其外部形态；借助触诊判断其温度、硬度和敏感性；借助叩诊判断其内腔的含气量。

（2）健康鼻窦部完整，触之无痛，叩诊呈空盒音。

（3）病理情况下可见有窦区隆起、变形，有的病例兼有脓性鼻液，尤其低头时排出量增多。触诊有热、痛，叩诊为浊音。

（五）口腔的检查

1. 徒手开口法

（1）牛的徒手开口法：检查者位于牛头的侧方，可先用手轻轻拍打牛的眼睛，在其闭眼的瞬间，以一手的拇指和食指从两侧鼻孔同时伸入，并捏住鼻中隔向上提举，再用另一手伸入口腔中握住舌体并拉出，口即行张开。

（2）马的徒手开口法：检查者站于马头侧方，一手握住笼头，另一手食指和中指从一侧口角伸入并横向对侧口角，手指下压并握住舌体，将舌拉出的同时用另一手的拇指从另一侧口角伸入并顶住上颚，使口张开。

2. 开口器开口法

（1）开口器开口：一手握住笼头，一手持开口器自口角伸入，随动物张口而逐渐将开口器的螺旋形部分伸入上下臼齿之间，而使口腔张开。检查完一侧后，以同样的方法检查另一侧。

（2）重型开口器开口：首先将动物的头部确实保定，检查者将开口器的齿板嵌入上下门齿之间，同时保持固定，另由助手迅速旋动旋柄，渐渐随上下齿板的离开而打开口腔。

3. 注意事项

（1）开口时，注意防止被动物咬伤手指；拉出舌体时不要过于用力，以免造成舌系带损伤；使用开口器时，对患骨软症的病畜要防止开张过大造成骨折。

（2）开口后要仔细检查口腔的湿度、温度、舌苔、牙齿、黏膜颜色及上下颚等。

二、颈部的检查

（一）咽、喉及气管的检查

1. 咽的检查

（1）主要检查方法是视诊和触诊。

（2）咽的外部视诊要注意动物头颈的姿势及咽部周围有无肿胀。触诊时，可用两手同时自咽部左右两侧加压并向周围滑动，以感知其温度、敏感性及肿胀的硬度和特点。

2. 喉及气管的检查

（1）通过视诊可查明喉及气管部位的外部状态，注意有无肿胀等变化；检查者立于病畜的前侧，一手执笼头，一手从喉头和气管的两侧进行按压触压，判断其形态及肿胀的性状，也可在喉及气管的腹侧，自上而下听诊。

（2）健康动物的喉及气管外观无变化，触诊无疼痛反应。

（3）病理情况下，病畜喉及气管区肿胀，有时有热、痛反应，并伴发咳嗽，听诊可听到强烈的狭窄音、哨音和喘鸣音等。

（二）食管的检查

（1）视诊时，注意动物吞咽过程饮水或食物沿食管沟通过的情况及有无局部肿胀。

（2）触诊时，检查者用两手分别由两侧沿动物颈部食管沟自上向下加压滑动检查，注意感知是否有肿胀、异物、内容物硬度，有无波动感及敏感反应。

思考题

（1）耳、口、鼻、眼检查分别可以指示哪些系统的疾病？

（2）哪些检查内容需要对动物进行开口？

实验十五　脊柱与肢蹄的检查

实验目的及要求

（1）掌握脊柱的检查内容和检查方法。

（2）掌握肢蹄的一般检查和细部检查方法。

实验动物

2头牛、2头驴或2匹马。

实验器材

保定绳、叩诊锤。

实验内容

一、脊柱的检查

脊柱是由颈椎、胸椎、腰椎、荐椎和尾椎5个部分的骨骼组成，由一系列椎骨借软骨、关节和韧带连接而成。

1. 检查方法

脊柱的检查方法主要为视诊和触诊。视诊主要观察脊柱的外形，有无弯曲、变形、凸起、凹陷等。触诊主要用单手或双手触摸脊柱及腰椎横突的骨骼形状及弹性变化，必要时可用较强的压力按压腰荐部，观察其下沉情况，正常时随着按压，动物的腰部灵活下沉。

2. 检查内容

（1）颈部突然歪斜、弯向一侧，局部肌肉僵直、出汗及运动功能障碍，应怀疑颈椎脱位或骨折。

（2）腰部拱起或凹陷，触诊椎骨变形，多见于骨软症或佝偻病。

（3）触诊腰荐部敏感，表现回视、躲闪、反抗，多为脊髓或脊髓膜炎或肾炎。

（4）用强力触压腰荐部的方法，检查其反射功能。正常时，表现为随按压动物腰部灵活下沉，如反应不灵活或无反应，常提示要腰部风湿、骨软症或脊柱横断性损伤。

（5）触诊腰椎横突柔软变形以及末端部位的尾椎骨质被吸收，提示矿物质代谢紊乱，常为骨软症的初期症状。

（6）臀部肌肉震颤，表现为皮肤和被毛有节律不自主的交替收缩，可见于发热初期、疼痛性疾病及某些脑病或中毒等。

（7）尾部挺起，常提示破伤风。

二、肢蹄的检查

1. 一般检查

（1）四肢弯曲、变形，常见于幼龄动物的佝偻病；四肢关节粗大，可见于成年动物的骨软症及氟骨症。

（2）单一关节的肿胀，多提示关节炎，且伴有热、痛反应。

（3）某一肢蹄，尤其是后肢的弥漫性肿胀，可见于蜂窝织炎，且伴有热痛反应，而且多有明显外伤或感染创口；但是病程长而未见改善，多形成象皮腿，触诊坚硬而热痛反应不明显。

（4）四肢下部浮肿，特别是后肢的病变，是全身浮肿的常见部位，多是由于慢性心脏衰弱引起。

（5）四肢皮肤溃疡，除局部病变之外，如果发生连串的结节病有溃疡，应注意全身性的传染病。

（6）猪、牛、羊等蹄趾部水疱、破溃，乃至角质脱落，可提示口蹄疫或传染性水疱病；羊的蹄部溃疡并有恶臭味，是腐蹄病的特征。

2. 细部检查

肢蹄的各部位检查，主要方法为问诊、视诊和触诊。

（1）蹄部：蹄部检查主要注意蹄温和指（趾）的动脉亢进。检查时，一手抵前壁部或反肢的胫部做支点，另一手逐渐下摸至蹄部，检查者呈弯腰姿势，严禁下蹲，并尽可能靠近动物，以手背感知蹄的前壁、侧壁及蹄踵的温度。牛、猪蹄趾部的水疱、角质脱落、腐败和崩解，并带有恶臭气味，可疑为口蹄疫或传染性水疱病，马属动物多提示为蹄叉腐烂。

（2）系部及系关节：系部检查多用滑擦和压诊法。主要观察有无肿胀、湿疹、皮炎、腱鞘憩室、有无积液及骨折等。系关节是动物站立或运步间负重最大的部位，特别是近籽骨、韧带较多的地方。因此，多为四肢病的常发关节。检查时要注意关节的正常轮廓有无改变，有无异常的伸展与屈曲，关节憩室有无突出等变化。

（3）掌部：主要是用触诊方法检查掌骨和曲腱，注意有无疼痛和骨瘤。

（4）腕关节：腕关节触诊时应注意其表面温度，有无肿胀、疼痛。正常腕关节屈曲时，曲腱可接触前壁部；反之，屈曲程度变小并有疼痛感，是慢性或畸形性关节炎的特征。

（5）壁部及肘关节：壁部检查主要注意对臂三头肌、二头肌进行滑擦和压迫，以感知局部温度、紧张度及疼痛反应。壁部肌肉僵硬呈石板样，初期压迫极度敏感，是风湿的表现；当继发感染，出现剧烈疼痛、肿胀，是化脓性肌炎的特征。肘关节炎时，有肿胀、热痛、关节轮廓不清。关节韧带扭伤时，以指压迫关节凹陷，他动运动疼痛剧烈。

（6）肩胛骨和肩关节：主要用触诊法检查。按冈上肌和冈下肌肌纤维走向进行抚摸和压迫三角肌、肩胛肌和后角、肩胛软骨及肩胛骨，以感知局部温度、湿度、有无损伤及其敏感性变化等。肩关节，触诊注意关节的轮廓、肿胀、变形等异常状态。强行使其内收、外展、伸展、屈曲时，如表现疼痛，说明其反方向组织有疼痛过程，但必须注意，当实施他动运动时，应先证明肘关节以下部位无疼痛病灶，否则容易误诊。

（7）跗关节：跗关节触诊主要注意局部温度、肿胀、疼痛及波动。波动性肿胀在跟部，多为跟端黏液囊炎；关节憩室出现波动性肿胀，则为关节腔积；肌腱的径路上有波动性肿胀，可能为腱鞘炎。跗关节常发生硬肿，主要是由于韧带、软骨、骨膜等损伤引起，特别是在该关节内侧第三跗骨和中央跗骨之间发生的所谓"飞节内肿"。

（8）胫部：主要注意皮肤有无脱毛、肥厚及肿胀，特别是第3腓肌有无断裂变化。

胫骨前肌和第3腓骨肌断裂时，胫前部不易摸到断端，但可看到跗关节特殊开张和跟腱迟缓。跟腱断裂时，可触知腓肠肌迟缓，并可摸到断端。

（9）膝关节：正常膝关节轮廓清楚，触诊可感知浅部的三条韧带。急性膝关节炎时，呈一致性肿胀，压之有剧痛。膝关节腔内有波动性肿胀是关节积液的特征。慢性畸形性关节炎时，在膝关节内侧，胫骨的关节端可出现鹅卵大到鸡卵大的硬固形肿胀。膝盖骨上方脱位时，提举患肢关节不能屈曲；外方脱位时，屈曲比较容易。触诊膝盖骨也可证明其变位的状态。

（10）股部：检查主要注意前外侧和内侧的股四头肌、阔筋膜张肌、股薄肌及缝匠肌等，感知其温度、弹性和疼痛反应。同时，注意腹股沟淋巴结有无肿胀，睾丸及腹股沟的情况。

（11）髋部：髋部检查包括髋骨、髋结节和臀肌。观察有无肿胀及热、痛反应，必要时可做直肠内部检查。

思考题

（1）哪些疾病可以导致脊柱外形发生变化？

（2）肢蹄检查在奶牛生产中有何重要作用？

实验十六 猪的临床检查及病例观察

实验目的及要求

（1）通过对猪的健康检查，掌握猪临床检查的基本方法和内容要点。

（2）人工造病，观察病例，运用临床检查方法发现病症，并能正确加以描述。

实验动物

猪若干。

实验器材

保定绳、体温计、灭菌液状石蜡油、酒精棉球、胃管、1%的亚硝酸钠溶液、1%美蓝溶液、一次性静脉注射器。

实验内容

一、猪临床检查的基本方法和内容要点

由于猪的解剖、生理特点，在临床检查中，叩诊和听诊的方法受到很大的局限。临床实践中，对猪的传染病和多发病的症状应着重注意收集。根据以上特点，猪的临床检查可按"一问、二看、三测、四听、五检查"进行。

1. 一问

通过问诊了解病情，在猪病的诊断上极为重要。因为在门诊的条件下，接触病猪的时间短，机会少，所以很多有关症状、资料多需经过询问，才能得到线索。

（1）问现病史及其经过：何时起病，疾病的主要表现，经过如何，是否治疗过，效

果怎样，同群猪是否相继患病，病猪年龄、死亡及剖检情况等。

（2）问病史及疫情：过去是否发生过，本次疾病与过去疾病的关系，现在疾病的传播趋势，猪群的补给情况等。

（3）问防疫情况及效果：预防接种的情况如何，疫苗的来源、运送及保管方法怎样。

（4）问有关饲养、管理、卫生情况：饲料的供应及来源；饲料的种植与利用；饲料的组成、种类、质量和数量，储存及调制方法及饲喂制度如何。

（5）猪场的地形、位置：猪舍的建筑结构；是否有寒冷、潮湿、通风不良等致病条件；猪舍饲槽、运动场的卫生条件；粪便清除、处理情况等。

2. 二看

通过视诊，观察猪的整体状态，如营养状况、发育程度、精神状态、运动行为、消化及排泄活动等。具体来说，观察其两眼是否有神，尾巴摆动是否自如，行走灵活与否，反应灵敏情况，站立、躺卧、行走姿势，观察排粪和排尿的数量、形状、颜色、气味；观察腹围大小，皮肤颜色，有无疹块、出血、水疱；观察呼吸式，是否有呼吸困难等。

3. 三测

测量体温、脉搏及呼吸等生理指标。在体温升高时，要注意是否有传染病。

4. 四听

听取病理性声音，如喘息、咳嗽、喷嚏、呻吟。胸腹腔的听诊，听取心音、呼叫声、肠音等。

5. 五检查

检查猪体各部位及内脏器官，如眼结合膜、口、鼻及腹部的深入触诊等。

根据上述检查，结合其他资料，一般可对疾病建立初步的诊断。

二、猪亚硝酸盐中毒病的复制及病症观察

（1）猪亚硝酸盐中毒病的复制：称取亚硝酸钠，配制成1%的亚硝酸钠溶液（即每毫升内含10mg），按35mg/kg的剂量，经胃管给实验猪灌服，服后20～30min即可出

现中毒症状。

（2）详细观察发病的经过，并通过临床检查，记录出现的症状。

（3）抢救治疗：治疗亚硝酸盐中毒的特效药是美蓝（即亚甲蓝），取1%美蓝溶液，按（1～2）mg/kg的剂量给患病猪耳静脉注射，然后观察治疗效果。如一次不行，间隔2h再注射一次。

（4）总结。

思考题

（1）猪临床检查应特别注意检查哪些内容？

（2）描述猪亚硝酸盐中毒的临床表现有哪些？

实验十七　家禽的临床检查

实验目的及要求

通过对家禽进行全面系统地检查，了解家禽检查的特殊性，学会群体检查的基本方法。

实验动物

鸡、鸭等家禽若干。

实验器材

体温计、灭菌液状石蜡油、酒精棉球。

实验内容

一、病史的调查

重点做流行病学的调查，调查的内容包括既往史、现病史和生活史等内容。

二、临床检查

1. 群体检查

主要进行视诊观察。先在舍内一角或运动场外直接观察，做到尽可能不惊扰禽群，最好在喂料时进行。根据家禽的食欲、饮水，禽群的声音和动作、精神状态、步态与姿势、粪便状况以及有无啄羽等情况。从群体中挑出患病的个体，然后进行个体检查。

2. 个体检查

（1）整体状态的观察：主要是通过视诊，了解其精神、营养、体格和姿势是否正常。

（2）被毛和皮肤的检查：通过视诊，特别注意检查羽毛、冠、肉髯、喙和胫骨等部位，着重检查羽毛的光泽度及换羽状况；肛门和泄殖腔状况，特别是肛门周围是否有粪便污染，有无啄羽、啄肛的现象？上述部位的状态及颜色是否改变？眼、耳、鼻周围有无病变？胸腹下及翼下、腿部是否有浮肿及渗出性素质？

（3）眼的检查：观察眼有无分泌物及其性质和数量，以及角膜的色泽、完整性和透明度。

（4）体温测定：测定方法同家畜。家禽正常体温：鸡 40～42.5℃，鸭 40～41.5℃，鹅 39.5～41.5℃。

（5）消化器官的检查，着重检查以下几方面：

1）食欲与饮水量是否变化；

2）用手指打开家禽口腔，观察舌、硬腭的完整性、颜色以及黏膜状态；

3）外部触诊位于食道颈段到胸段交界处的嗉囊，感觉其硬度；

4）触诊腹部，确定是否腹围增大；

5）将肛门翻开检查，观察黏膜的色泽、完整性、紧张度、湿度、异物以及周围羽毛污染状况；

6）观察粪便的形状、色泽、气味、有无混杂物及饲料消化状态。

（6）呼吸器官的检查：着重检查以下几方面：

1）呼吸次数：通过观察肛门下部的羽毛起伏动作来测定。正常次数：鸡、鸭 15～30 次/min，鹅 12～20 次/min，鸽子 16～40 次/min；

2）是否出现张口呼吸，在呼吸过程中是否出现喘鸣音；

3）是否发生短促的"咔咔"声并同时有甩头动作；

4）用手指压迫鼻腔，是否有分泌物及其性状如何；

5）观察胸肌的丰满度、胸骨的状态。

（7）检查腿和关节的完整性、骨骼的形状。

（8）产蛋禽注意其产蛋量的变化，特别注意蛋的形状和质量是否改变。

3. 个体的剖检

参考《预防兽医学实验》中关于病（死）鸡剖检及实验室检查的内容。

思考题

家禽临床检查应检查哪些内容？

实验十八 水牛的临床检查

实验目的及要求

通过对水牛进行全面系统的临床检查，一方面接触水牛，增进感性知识，并对其临诊特点有所了解；另一方面也是对临床诊断学实习的一次全面复习，巩固和熟练所学的知识和操作技术。

实验动物

水牛若干。

实验器材

保定栏、牛鼻钳、保定绳、听诊器、叩诊锤、叩诊板、体温计、灭菌液状石蜡油、酒精棉球。

实验内容

一、方法

通过问诊、视诊、听诊、叩诊、嗅诊和借助必要的器械（如体温表、听诊器、叩诊器），了解水牛饲养管理的全部情况，观察水牛的全身状况和个体特征，测定各项生理指标，记录各器官、系统的正常指征，然后根据收集的资料，做出检查报告。

二、内容

1. 调查水牛饲养、管理及有关情况

（1）了解水牛平时的饲养制度，饲料的种类及调制方法，使役情况及环境、气候的变化。

（2）询问水牛以往的健康情况。

2. 现症的临床检查

（1）一般检查：①观察全身状态，如精神、营养、体格、姿势、运动、行为等；②测定体温、脉搏及呼吸次数；③被毛、皮肤及表在组织的检查；④眼结合膜的检查；⑤浅表淋巴结的检查。

（2）系统检查：①心血管系统检查；②呼吸系统检查；③消化系统检查；④泌尿系统检查；⑤神经系统检查。

3. 注意事项

（1）水牛个体大而粗壮，外表看似凶猛，但实际性情比黄牛、奶牛温顺，不必顾虑，大胆操作，但应注意其牛角，特别在做颈部检查或静脉注射时不可麻痹大意，以免受到伤害。

（2）由于水牛是役畜，役期饲养管理不当最易导致发病，所以询问时要着重了解这方面的情况。

（3）水牛胸壁厚，进行心、肺听诊时，心音不如黄牛清晰，呼吸音也显得较弱。水牛正常眼结膜的颜色比黄牛深，常呈深红色。

思考题

水牛临床检查中应特别注意哪些问题？

下篇

常用临床检查仪器和设备

实验十九　临床诊断常用器械及其应用

实验目的及要求

识别兽医临床诊断常用器械，掌握兽医临床诊断常用器械的使用方法。

实验器材

兽用体温计（见图 19-1），听诊器（钟形听头、鼓膜听头、双用型听头、教学听诊器）（见图 19-2），叩诊板和叩诊锤（见图 19-3），酒精棉球，灭菌液状石蜡油。

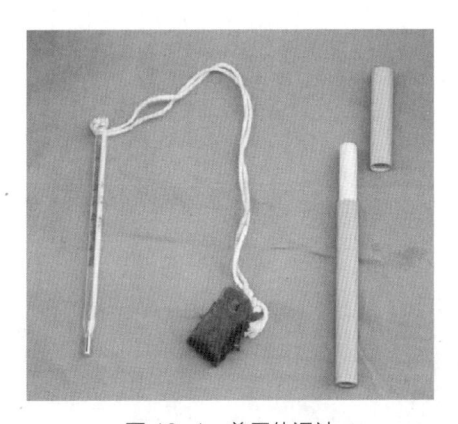

图 19-1　兽用体温计

图 19-2　听诊器

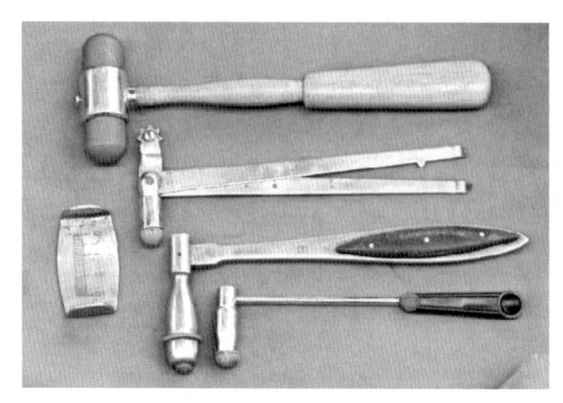

图 19-3　叩诊板和叩诊锤

实验内容

一、兽用体温计

握住兽用体温计尾部，先看体温计的水银所在刻度，若刻度在 35℃ 以上，用腕力在胸前使劲甩几下，将水银柱甩到体温计头部或 35℃ 以下，取一酒精棉球展开后包住体温计的上端，从上到下擦至体温计水银头末端进行消毒，再涂上润滑剂，旋转插入直肠中，体温计插入的深度为全长的 2/3，将附在体温计上的夹子夹于尾毛上，待 3～5min 后，抽出体温计，并用酒精棉球擦净后读取度数，用后再甩下水银柱并放入消毒瓶内备用。

注意事项：

（1）兽用体温计的尾部有一个固定夹子，因此，握住体温计时，必须先把夹子放在手心，大拇指和食指握住体温计尾部。

（2）体温计是三棱形，一面是温度数字，一面是刻度。握住体温计尾部要把温度数字和刻度的棱对准人合适的视线。

（3）使用前用 75% 酒精消毒，并将水银柱甩到 35.5℃ 以下。

（4）体温计最高温度值是 43℃，因此在保管或消毒时温度不可超过 43℃。由于感温泡的玻璃较薄，应避免剧烈振动。

（5）体温计插入直肠的深度为全长的 2/3。

二、听诊器

听诊器由耳件、传音导管、听头等组成。

听诊时,把耳塞放入诊断者的耳道中,手持听头紧贴于需要听诊的动物内脏器官体表投影位置上进行听诊。

注意事项:

(1)正确佩戴听诊器。听诊器设计符合耳道角度,它能与听者的耳道舒适地密合,不会让人感到疲劳及不适。在把耳件戴上之前,请将听诊器的耳件向外拉;金属耳件应向前倾斜,将耳件戴入外耳道,使耳件与耳道紧密闭合(图19-4)。

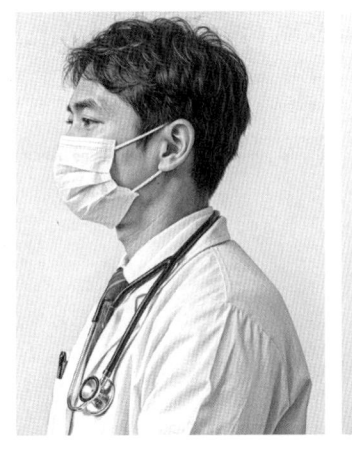

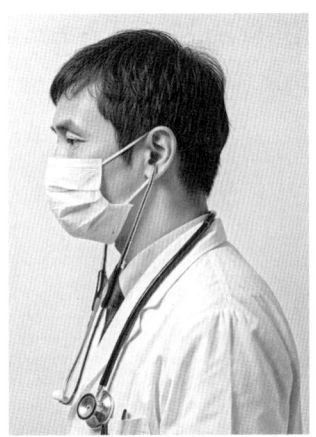

图 19-4 正确佩戴听诊器

(2)听诊过程中,传音导管和胶管不能与任何物体摩擦,其杂音会干扰听诊效果。与被毛的摩擦是最常见的干扰因素,要尽量地避免,必要时可将被毛淋湿。

(3)听头要紧密地贴放在动物体表的检查部位,但也不应过于用力压迫。

(4)经常检查听诊器,注意接头有无松动,胶管有无老化、破损或堵塞。

(5)当使用双面听头的听诊器时,使用者需要转换听头的钟面或膜面模式来使用。当使用膜面时,钟面将被关闭,以免造成干扰。反之亦然。

三、叩诊板和叩诊锤

左手持叩诊板紧贴在被检部位上,用右手握叩诊锤,用腕关节做上下摆动,使之垂直地向叩诊板上连击两次或三次，以分辨其产生的声音。

注意事项：

（1）叩诊板（或直接用手指）必须紧贴于皮肤，其间不得留有空隙，但不能用力压迫。对被毛过长的动物，宜将被毛分开。对瘦弱动物应注意勿将其横放于两条肋骨上。

（2）叩打用腕力，应该是短促、断续、快速而富有弹性。叩诊锤应垂直击在板上，叩打后应很快地弹开。每一叩诊部位连续击打两三次，时间间隔均等。

（3）叩诊用力要均等，不可过重，以免引起局部疼痛和不适。叩诊时用力的强度不仅可影响声音的强度和性质，同时也决定振动向周围和深部的传播范围。因此，用力的大小应根据检查目的和被检查器官的解剖特点而异。应注意在叩打对称部位时的条件要尽可能地相同。当用较强的叩诊所得的结果模糊不清时，则应该依次进行中等力量和较弱的叩诊，再行比较。

（4）叩诊时发生特殊的锤板碰击音，要注意锤板有无松动、破裂及胶皮头老化，及时更换。

思考题

（1）兽用体温计的使用方法和注意事项是什么？

（2）听诊器的使用方法和注意事项是什么？

（3）叩诊板和叩诊锤的使用方法和注意事项是什么？

实验二十　全自动五分类动物血细胞分析仪的使用

实验目的及要求

正确使用全自动五分类动物血细胞分析仪，掌握该器械的使用方法、注意事项，为临床应用打下基础。

实验器材

迈瑞动物医疗（BC-5000Vet）全自动五分类动物血细胞分析仪（见图20-1）。

图 20-1　全自动五分类动物血细胞分析仪

实验内容

一、样本的准备

仪器测量的样本对象分为全血样本、预稀释样本两种。

注意事项：①应按照试管生产商推荐的程序制备样本；②各种样本均摇晃均匀，以彻底混匀样本。

（一）全血样本

1. 使用 EDTAK2 或 EDTAK3 抗凝真空管采集静脉血样本。
2. 立即将管中的静脉血与抗凝剂充分混匀。

注意事项：为保证分析结果的准确性，应确保全血样本量不少于 0.5mL。

（二）预稀释样本

1. 点击仪器顶部状态栏的"加稀释液"按钮，界面显示"在采样针下放置试管，按吸样键加稀释液"。

2. 取一个试管，按主机上的吸样键，开始加稀释液（一次加入量为 480μL）。加稀释液过程中，界面会提示进度。

3. 加稀释液完毕后，用户可继续执行多次加稀释液操作。

4. 采集 20μL 的静脉血或末梢血并迅速注入盛有稀释液的离心管中，盖好盖子后充分混匀。

5. 完成预稀释样本的准备后，点击"取消"按钮，执行推出加稀释液的操作。

注意事项：①操作者也可使用移液器吸取 480μL 稀释液；②事先制备好的稀释液应避免灰尘混入或稀释液挥发，否则会产生分析误差；③末梢血与稀释液充分反应后，需放置 3 分钟，然后经重新混匀方能进行分析；④建议在样本稀释后的 30 分钟内完成分析；⑤放置一段时间后的样本需重新混匀后才能进行分析，尽量不要使用漩涡混匀器进行剧烈震荡混匀，否则易造成溶血；⑥每个实验室应根据各自的样本数量、样本采集方法和技术水平对预稀释模式下样本分析结果的稳定性进行评估。

二、样本分析

点击"样本分析"按钮,进入样本分析界面。

(一)录入样本信息

本分析仪可对即将分析的样本提供全部信息录入方式。

在样本分析界面点击"下一样本",弹出全部信息录入对话框,操作者可在对话框中录入下一个分析样本的完整样本信息。其中"参考组"项由系统自动匹配,无须手动设置。

1. 输入样本编号

在"样本编号"框输入样本编号。

注意事项:①样本编号允许输入字母、数字和键盘上支持的所有字符(包括特殊字符);②样本编号允许输入的长度范围为【1,20】,不能为空。

2. 输入病历号

在"病历号"框输入患病动物病历号。

3. 选择动物性别

在"动物性别"框下拉列表中选择动物性别。

4. 输入主人姓名

在"主人姓名"框中输入动物主人的姓名。

5. 选择动物类型

在"动物类型"下拉列表中选择动物类型。

6. 输入动物名字

在"动物名字"框中输入动物的名字。

7. 输入动物年龄

分析仪针对不同年龄段的动物,提供四种年龄输入方式:按"岁"输入、按"月"输入、按"天"输入和按"小时"输入。操作者可根据病畜的年龄段选择其年龄的输入方式。

8. 选择参考组

在"参考组"下拉列表中选择动物对应的设置的参考组。

9. 输入采样时间

在"采样时间"框中输入采样时间。

10. 输入送检时间

在"送检时间"框中输入送检时间。

11. 模式

在"模式"框中选择测量模式,仅有大鼠、小鼠支持预稀释样式。

12. 输入备注内容

在"备注"框输入一些需要申明的信息。

13. 确定

完成样本信息的输入后,点击确认,保存输入的内容并返回样本分析界面。

14. 取消

完成样本信息的输入后,点击取消,返回样本分析界面并放弃输入的样本信息。

(二)按吸样键吸样

将准备好的全血或末梢血或预稀释样本放到采样针下,使采样针可吸入混匀后的样本,按吸样键,启动样本分析过程。

(三)自动采样针"滴滴",移开样本

采样针自动采样,听到"滴滴"的声音,操作者可移开样本,采样针将吸入的样本加入计数池中。

(四)自动执行样本分析,出结果

分析仪自动执行样本分析,在界面显示检测结果。同时,增加了参考范围条状图显示供参考。

思考题

全自动五分类动物血细胞分析的使用步骤是什么?

实验二十一　静脉血的采集和抗凝

实验目的及要求

掌握不同动物的静脉采血方法和抗凝方法。

实验动物

牛、羊各1头，猪1头，鸡、鸭各1只，犬1只。

实验器材

保定栏、牛鼻钳、猪鼻捻绳、保定绳、伊丽莎白颈圈、采血带、酒精棉球。

自制采血瓶或真空抗凝采血管（商品化）（见图21-1）。

图 21-1　真空抗剂采血管核采血针

针头和注射器：牛，16号金属针头。10kg以下的猪，选择7～9号28～33mm针头（一次性注射器所配针头）；10～30kg的猪，选择9号30～33mm针头（一次性注射器所配针头）；30kg 以上的猪，选择 9 号 34mm 针头（一次性注射器所配针头）；后备猪以及种猪选 12 号 38mm 针头（一次性注射器所配针头）。犬，选择 5～9 号 28mm 头皮针。

抗凝剂：

（1）双草酸盐抗凝剂：草酸钾 0.8g，草酸铵 1.2g，蒸馏水加至 100mL。溶解后，吸取 0.5mL，加于供血用的试管或小瓶中，置干燥箱内（温度不能超过 80℃，最好 45℃ 左右，这种温度下，双草酸盐结晶颗粒小，易与血混匀）烘干备用，可供 5mL 全血抗凝。

（2）3.8% 枸橼酸钠溶液：主要用于血沉测定时抗凝用。

（3）乙二胺四乙酸二钠（或钾）[EDTANa2 或 EDTAK2]：每 10mg 可使 5mL 全血抗凝。或配成 10% 溶液，每 2 滴可使 5mL 全血抗凝。

（4）肝素 1%：0.1mL，可使 5mL 血液抗凝。

实验内容

一、采血的部位

少量的血液可在耳尖、耳缘及耳静脉、鸡冠等处采取，较多量的血液则应在较大的静脉管采取。

静脉采血的部位：马、牛、羊、骆驼、鹿等在颈静脉的上 1/3 与中 1/3 交界处；猪在耳静脉或前腔静脉；犬、猫可在前肢腕关节正前方偏两侧的前臂皮下静脉或后肢趾部背外侧的小隐静脉。牛还在尾正中静脉（在尾根的腹中线）、胸外静脉及母牛乳房静脉采血。小的禽类心脏采血（即从胸骨脊的前缘至背部下凹处连线的中点）；大的禽类翼下静脉（在尺骨附近皮下）采血；鸭、鹅枕骨静脉窦（头颅背侧与第一颈椎的连接处）采血。

二、准备

（1）所有采血用具均应事先经消毒，干燥处理。

（2）采血部位应行剪毛、擦拭，并按常规进行消毒。

三、采血方法

1. 部位与保定

（1）牛颈静脉采血：先将动物站立保定，使头稍向前伸，并稍偏向对侧。

（2）猪：中等体型猪前腔静脉采血时仰卧保定，大猪前腔静脉采血时站立保定。

（3）犬、猫：犬/猫的颈部先装上伊丽莎白颈圈，胸卧在诊疗台上，保定者站在诊疗台右（左）侧，面朝犬/猫头部。右（左）手托住犬/猫下颌或用手臂搂住颈部，以固定头颈。左（右）臂跨过犬/猫左（右）侧，身体稍偎依犬/猫背，肘部支撑在诊断台上，利用前臂和肘部夹持犬/猫身，控制犬/猫移动。然后，手托住犬/猫肘关节前移，伸直前肢。

（4）禽心脏采血：助手一手抓住双翅，一手抓住双腿平放在诊疗台，两腿自然向后伸展与身体呈120°。

（5）禽翼下静脉（在尺骨附近皮下）采血时均应侧卧保定。鸭、鹅枕骨静脉窦处采血时，助手一手握住双腿，另一手握住双翅。

2. 采血方法

（1）牛静脉采血：助手将牛头部固定，采血者左手拇指压迫颈静脉的下方，使静脉怒张，右手持针头，对准采血部位，用手腕的弹拨力垂直并迅速将针头同时刺入皮肤和血管，见有血液流出后，针头对准采血瓶，血液沿管壁流到采血瓶。

（2）牛尾中静脉采血：采血者一手握住牛尾并用力抬起，使它与背中线垂直，在距肛门10～15cm处的尾腹侧中线垂直进针至针头稍稍触及骨头，然后抽吸，若有回血，即可采血。

（3）猪前腔静脉采血：前腔静脉的体表位置为胸前窝，即胸骨柄、胸头肌和胸骨舌骨肌的起始构成的陷窝。针头斜向对侧后内方与地面呈60°角，刺入2～3cm即可抽出血液（见图21-2、图21-3）。

（4）犬静脉采血：在采血部位前端先用采血带扎住，使静脉怒张。右手持头皮针，对准静脉怒张用腕力迅速将头皮针刺入皮肤和血管，见有血液流出后，头皮针另一端刺入真空采血瓶，血液沿管壁流入（见图21-4）。

（5）禽翼下静脉采血：翼下静脉怒张明显，但采血量不多。采血时注射器抽血的速度要缓慢，否则静脉下陷而采不出血来；该静脉游离于皮下，没有一针见血容易形成血肿，不能重复采血，为了克服此现象可事先撕去该部位皮肤，但不能损伤血管、使血管充分显露后采血（见图21-5）。

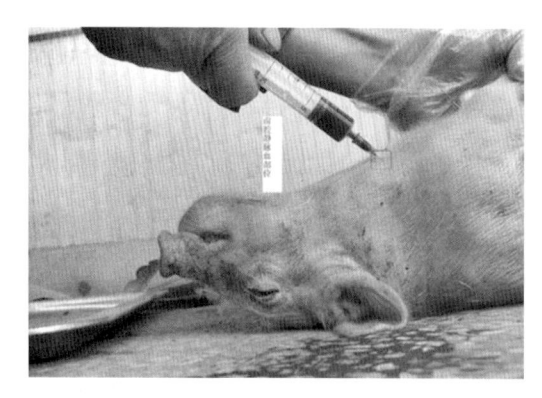

图21-2 猪仰卧保定前腔静脉采血

图21-3 猪站立保定前腔静脉采血

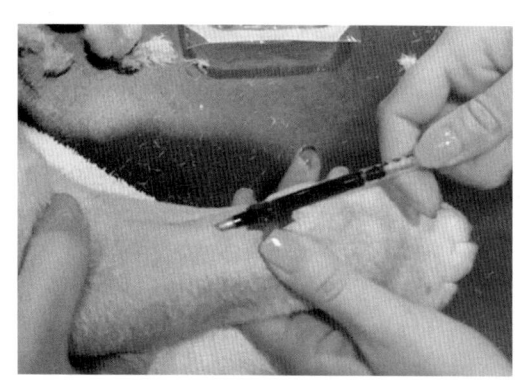

图21-4 犬静脉采血

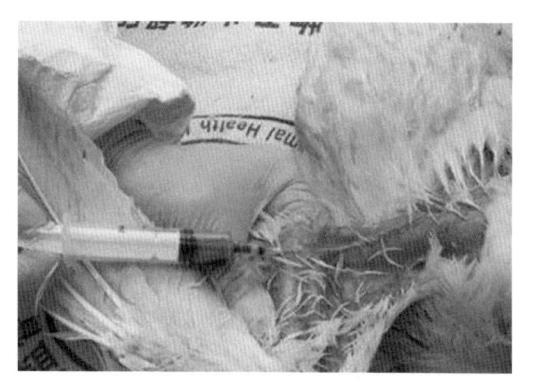

图21-5 禽翼下静脉采血

（6）禽心脏采血：采血者在翼下无毛区后缘中间，心脏的采血点垂直进针即可采血，进针的深度根据禽的大小而定。该部位采血的关键是合适的保定姿势，因为内脏有韧带互相牵引，不同的姿势使心脏位置发生变动，所以不易掌握。

（7）禽枕骨静脉窦采血：采血者用左手操作，站在动物的右侧，右手抓住禽的头部，使头部与颈部呈直角，用大拇指压住颈后的凹陷处（即枕骨大孔），注射器针头与颈部呈30°～45°角进针，从枕骨大孔上缘轻轻刺入5mm左右即可见血液进入针筒，此时固定好针头，缓慢抽血。该方法快速，对家禽安全无应激反应，可多次重复采血。注意刺入动作需慢而轻，刺入深度必须控制好，过深易损伤延髓而造成家禽死亡。

3. 血液抗凝

用注射器采血结束后，血液要沿着管壁轻轻流入抗凝采血瓶。用真空抗凝采血管采血结束后，应立即轻轻地上下混匀或用两手掌轻搓，使血液与抗凝剂充分混合。

4. 注意事项

（1）严格遵守无菌操作规程，采血用具及采血部位均应严格消毒。

（2）注意安全，一是人的安全，二是动物的安全，保定要牢固。

（3）采血时要检查针头是否畅通。

（4）采血时要明确采血部位，准确一针见血，防止乱刺，以免引起局部血肿或静脉炎。

（5）不能溶血。为避免溶血，采血时所有的器械要干燥，血液与抗凝剂混合过程要避免强烈振荡。

（6）采血完毕，先放开采血带或者压迫血管的手，用酒精棉球压迫住针头，然后拔出针头。绝对不能直接拔出针头，否则局部形成血肿，影响下次采血。

（7）做肝功能、血液生化检测时要求空腹采血，否则检测结果不准确，因为吸收进入血液的大分子物质会使血浆变混，浊度增加。

（8）记录样本的基本信息，如编号、性别、日龄等。

思考题

（1）简述不同动物的采血部位。

（2）采血过程中的注意事项是什么？

实验二十二　白细胞分类计数

实验目的及要求

掌握白细胞分类计数的方法及临床意义。

实验器材

玻片、盖片、染色缸、显微镜、天平、甲醇、记录纸、笔、擦镜纸、镜油、二甲苯、瑞氏染色液及其缓冲液、吉姆萨染色液及其应用液。

实验内容

一、染色液的配制

1. 瑞氏染色液的配制

瑞氏染色粉 0.1g，甲醇 60.0mL。先将染色粉置研钵中研磨，然后加入少量甲醇再研磨，使其溶解。将已溶解的染液倒入洁净棕色玻瓶中，剩下未溶解的染料再加少量甲醇研磨，如此反复操作，直到全部染料溶解并用完甲醇为止。将配好的染液室温下至少放置 1 周（每日振摇一次），即可应用。用前需将染液经过滤处理。

2. 瑞氏染色缓冲液的配制

1% 磷酸二氢钾 30.0mL，1% 磷酸氢二钠 20.0mL，蒸馏水加至 1000.0mL。所有染料对氢离子浓度均较敏感，染色时由于酸碱度的改变，蛋白质与染料所形成的化合物可重新离解，故染色时染色液的 pH 能够影响染色的结果。

瑞氏染色的适当 pH 为 6.4～6.8。当染液偏于碱性时，可与缓冲液中酸基起中和作用；染液偏酸性时，可与缓冲液中碱基起中和作用。维持染色时的一定酸碱度，才能使染色结果满意。

3. 吉姆萨染色液的配制

吉姆萨染色粉 0.5g，纯甘油 33.0g，纯甲醇 33.0g。先将吉姆萨染色粉置研钵中，加少许甘油混匀后研磨，直至全量，置水浴或恒温箱内加温（56～60℃）2h，使染色粉溶解，再加入甲醇，混匀，保存于干燥密闭的棕色瓶中。1周后，用滤纸过滤即成原液。临用时，以清洁、干燥吸管吸取原液 1mL，加于蒸馏水 10mL 中，或吸取原液 1～2滴，加于蒸馏水 1mL 中（原液中需绝对避免混入水分），配制成应用液使用。也可直接使用商品化的染色液。

二、血片的制作

取一清洁、干燥、脱脂的玻片作为载片，另以一盖片（较厚者）或以一端光滑、平整的载片，作为推片。

用左手的拇指及中指持载片，右手持推片。先取供检血（针刺耳尖采集的血液或抗凝血）一小滴，放于载片的一端，将推片倾斜 30°～40°，使其一端与载片接触，待血液扩散开之后，以均等速度轻轻向载片另一端推动，即形成一血膜，迅速自然风干，待染。

一张良好的血片，血膜应薄而均匀，对光观察时呈霓虹色，位于玻片的中央，两端留有空隙。

注意事项：

血滴愈大，推片与载片角度愈大，则血膜愈厚。推片时勿过于用力，速度应均匀、适宜，中间不能停顿。血膜涂于载片中央的 2/3 区域内，两端稍留空隙以便标明号码和日期。载片需彻底脱脂，并清擦干净，以防止血膜出现空泡。血液应新鲜，操作宜迅速，以防凝血。冬季应注意保温，以防冻后溶血。夏季注意勿让苍蝇舔食血膜。

三、血片的固定

通常用甲醇固定。将干燥血片，置于甲醇中 3～5min，取出后自然干燥。亦可用乙醚与酒精等混合液（10min）、纯酒精（20min）或丙酮（5min）固定。若用瑞氏染色法染色时，则无须固定，因瑞氏染液中含有甲醇，在染色的同时即起固定作用。

四、血片的染色

1. 瑞氏染色法染色

取干燥血液涂片，在血膜两端用蜡笔画线，以节省染液并防止外溢，然后置于水平的支持架上（一般可用玻棒或铁丝自制）。滴加染液（量的多少由血膜大小而定），直至将血膜盖满为止，待染色1～2min后，再加1～1.5倍缓冲液，并轻轻摇动，或以口吹气，使染液和缓冲液混匀。继续染色3～5min，用蒸馏水或常水冲洗后，将血片立于支持架上，在空气中任其自然干燥，或用清洁吸水纸将水分吸干，以备镜检。

染色良好的血片呈樱桃红色，如呈深紫色为染色时间过长；呈红色为染色时间过短。染液若过酸，可使红细胞呈鲜红色，白细胞核往往不易着色而很淡；若过碱，则白细胞核着色过深，故需用缓冲液加以调整。

所以缓冲液以新鲜配制者为好，如以陈旧蒸馏水代替缓冲液需在用前将蒸馏水煮沸15～30min，待冷后使用，可以除去水中的碳酸。

注意事项：

滴加染液的量勿过多或过少，过多则玻片上不能容纳而流失，造成浪费，过少时甲醇蒸发后易于留下沉淀物。滴加缓冲液后，应使之与染液混匀，否则血片可发生染色浓淡不均的现象。在冲洗血片时，应将载片持平，使水自玻片边缘溢出，沉渣从液面浮出，切勿先将染液倒去，以免沉淀物附着于血片上。

2. 吉姆萨染色法染色

取已固定的血片，滴加吉姆萨应用液，直至盖满整个血膜（约2mL）。根据室温高低和血片厚度，染色10～30min。

用蒸馏水冲洗、干燥、镜检。

染色良好的血片呈玫瑰红色，如显灰色及青灰色表示染色液过碱；呈鲜红色则表示染色液过酸或染色时间过短。本法所染血片清晰鲜艳，各种白细胞易于辨别，并适用于血液原虫的检查。

3. 复染

先用瑞氏染色法将血片染好，水洗，不必干燥，然后再用吉姆萨染色液染 15～30min，取出冲洗、干燥，镜检。瑞氏染色胞浆染得清晰，吉姆萨染色胞核染得清晰，经过复染，血片更加清晰鲜艳。

注意事项：

（1）未干透的血膜不能染色，否则染色时血膜易脱落。

（2）染色时间与染色液浓度、染色时温度成反比；与细胞数量成正比。

（3）冲洗时不能先倒掉染色液，应用流水冲，以防染料沉淀在血膜上。

（4）如血膜上有染料颗粒沉着，可加少许甲醇溶解，但须立即用水冲掉甲醇，以免脱色。

（5）染色偏酸或偏碱时，均应更换缓冲液重染。

（6）染色时间视血片厚薄、有核细胞多少以及室温等而定，通常染血涂片 5～10min 即可。

（7）染色液量充足，勿使染色液蒸发干燥，以防染料沉着在血涂片上。

（8）染色过淡，可以复染。复染时应先加缓冲液，创造良好的染色环境，而后加染液，或加染液与缓冲液的混合液，不可先加染液。

（9）每次染色液用完后，请迅速盖好，以免挥发。

（10）染色液必须在保存在棕色瓶，需要避光，远离热源。

五、血片的镜检与白细胞的分类计数

通常在血片的两端或两端的上、下部分按二区和四区计数法，有秩序地移动血片，计数白细胞总数 100～200 个。一般计数 100 个白细胞（如分两区计数，则每区计 50 个；分四区计数，则每区计 25～50 个），并按各类白细胞所占有的百分数，计算出其比值。

镜检一般先用低倍镜做大体上的观察，再换用油镜，边检视白细胞并计数，边移动血片。为了便于白细胞分类计数，记录时可采用白细胞分类计数器，或事先设计一表格进行记录（见表 22-1）。

表 22-1　白细胞分类记录表

白细胞种类		10	20	30	40	50	60	70	80	90	100	总数	百分比
嗜碱性粒细胞													
嗜酸性粒细胞													
嗜中性粒细胞	幼稚型												
	杆状核型												
	分叶核型												
淋巴细胞													
单核细胞													

六、各类白细胞的形态和染色特征

为准确进行分类计数，在识别各类白细胞时，应特别注意细胞的大小、形态，胞浆中染色颗粒的有无，染色及形态特征，核的染色、形态等特点。根据胞浆中有无染色颗粒，而将白细胞分为颗粒细胞和无颗粒细胞，前者又根据其胞浆中染色颗粒的着色特征而分为嗜碱性、嗜酸性及嗜中性粒细胞；后者则包括淋巴细胞及单核细胞。

1. 嗜碱性粒细胞

较大，呈圆形或椭圆形，胞浆中有呈深紫色较小的染色颗粒，其中以马的染色颗粒大而明显，似杨梅果实状。

2. 嗜中性粒细胞

中等大小，呈圆形或椭圆形，胞浆中有嗜中性的呈淡玫瑰红色的小颗粒，依其细胞核的形态特征而分为髓细胞、幼稚型细胞、杆状核细胞和分叶核细胞。

髓细胞的细胞核色淡，着色不均，呈长圆形或豆形。幼稚型细胞的核着色较淡，多呈肾形。杆状核细胞的核致密、色深，弯曲呈粗细较均匀的带状 S 形、马蹄形等。分叶核细胞其核最致密、色深，分成 2～6 个分叶不等，并在各分叶间有细丝状连接。

3. 淋巴细胞

呈圆形，直径大而胞浆较多者为大淋巴细胞，小而胞浆较少者为小淋巴细胞。核呈深蓝紫色，圆形、致密，且常偏位。胞浆呈淡天蓝色。有时在大淋巴细胞的胞浆内有明显的嗜天青颗粒，核的周围有淡染圈（或称透明带）。小淋巴细胞的胞浆极少，有时仅呈月牙形，位于细胞的一侧。

4. 单核细胞

极大，呈不正、多边、多角形。胞浆呈烟灰色，较暗。核呈紫褐色，近似椭圆或不正形。

5. 嗜酸性粒细胞

中等大小，圆形或椭圆形，胞质中有深红色小颗粒。

6. 临床意义

（1）白细胞增多

1）嗜中性粒细胞增多，见于大多数细菌性传染病初期，如猪肺疫、牛出败、马腺疫等；急性炎症过程及化脓性感染。

2）嗜酸性粒细胞增多，见于某些寄生虫病、过敏性疾病等。

3）淋巴细胞增多，见于结核、鼻疽等慢性传染病，也见于白血病。

4）单核细胞增多，见于败血性疾病及血孢子虫病（如梨形虫病）。

（2）白细胞减少

1）嗜中性粒细胞减少，见于病毒性传染病、药物中毒及严重疾病的末期。

2）嗜酸性粒细胞减少，见于败血病及预后不良的疾病。

（3）淋巴细胞减少

根据嗜中性粒细胞的成熟情况，又分为核左移和核右移。若未成熟的嗜中性粒细胞增多，即出现嗜中性髓细胞，幼稚型和杆状核嗜中性粒细胞的比例也升高，则称为核左移；若分叶核嗜中性粒细胞大量增多，且核的分叶数也增多（大部分为4～5叶或更多分叶），则称为核右移。严重的核左移，反映病情危重；核右移，多因高度衰竭引起，预后慎重。

思考题

试述白细胞分类计数的方法。

实验二十三　家禽的血常规检验

实验目的及要求

掌握家禽白细胞计数和分类计数,并注意家禽与家畜血常规检验方法有何不同。

实验器材

玻片、盖片、染色缸、显微镜、天平、甲醇、记录纸、笔、擦镜纸、镜油、二甲苯、瑞氏染色液、瑞氏染色缓冲液、吉姆萨染色液、1%～3%冰醋酸、采血管和抗凝剂、酒精棉球、30～33mm长的9号针头和注射器。

白细胞计数血液稀释液的配制方法如下。

第一液:中性红25mg、氯化钠0.9g、蒸馏水100mL。

第二液:结晶紫12mg、柠檬酸钠3.8g、福尔马林0.8mL、蒸馏水100mL。

用前将第一液、第二液需分别滤过,并加热到41～42℃。

实验内容

一、血液的采集和抗凝

具体方法见实验二十一的相关内容。

二、白细胞计数(直接染色计数法)

因家禽红细胞是有核红细胞,如用1%～3%冰醋酸稀释,只能破坏红细胞胞浆,而核仍存在,这样计数白细胞时不易区别,很不方便。可采用直接染色计数法,因白细胞着色明显,可直接计数。

1. 计数方法

用血细胞计数器中的红细胞血液稀释吸管吸取血液到刻度 1 处。再吸第一液至壶腹总容量的一半处，然后吸第二液到刻度 101 处，使血液被 100 倍稀释，振荡 5min，弃去 2～3 滴，滴一滴于计数池内，计数四角 4 个大方格内的白细胞数，按下式计算：

$$每升血液内白细胞 = \frac{4个大方格内白细胞总数}{4} \times 10 \times 100 \times 10^6$$

2. 染色结果

红细胞有微黄色的胞浆影痕，核呈淡蓝色，量最多。颗粒白细胞被中性红染色。淋巴细胞核呈红色，而胞浆蓝染。单核细胞较淋巴细胞大，且呈不正形。凝血细胞呈卵圆形，透明玻璃样，带暗绿色阴影，胞浆与核无明显界限，一端或两端有明显的颗粒。

3. 本法优点

（1）能做白细胞直接计数，简便快速，也比较准确可靠。

（2）同时还可做红细胞和凝血细胞计数（鸡的凝血细胞数，正常时每立方毫米血液为 38000～72000 个）。

三、白细胞的分类计数

操作过程包括：制血涂片，瑞特染色，油镜镜检计数。与家畜的白细胞分类计数方法相同。

细胞的形态特征：

（1）红细胞：胞浆呈橙红色，胞核呈蓝紫色。

（2）幼稚红细胞：也称多染性红细胞。大小与红细胞相当，胞浆淡蓝，核大、圆，有深蓝紫色斑块。

（3）凝血细胞：相当于家畜的血小板，一般呈卵圆形，核较红细胞核更蓝紫，胞浆稍带淡蓝色，几乎透明，胞浆一端常有红色小颗粒，有的核浓染，胞浆看不见，常三五成群。

（4）大小淋巴细胞：大淋巴细胞核蓝紫色，常偏在一侧，胞浆浅蓝色。小细胞核深蓝紫色，常多形并有突起。大小淋巴细胞形态变化较大，小的居多。

（5）单核细胞：大小似大淋巴细胞，胞浆呈烟青色，光泽差，核稀疏、多种形状。

与大淋巴细胞较难区别。

（6）假嗜伊红性细胞：也称异嗜性白细胞，近乎圆形，直径为 10～15μm，细胞核分叶较多，通常为 2～5 叶，叶间的连接带较明显，核内染色质块较粗大，染为蓝色，胞浆无色透明，其间有许多嗜酸性杆状或纺锤形结晶颗粒（鸭的异嗜性白细胞颗粒为不正圆形），这种颗粒被染成浅红色。

（7）嗜伊红性细胞：与异嗜性白细胞大小相似，只是颗粒呈球形而较大（鸭的颗粒为杆状，很少为纺锤形），染色呈深红色，胞浆为淡蓝灰色，核常为两叶，染色质较异嗜性白细胞更多。

四、红细胞计数、血红蛋白的测定、红细胞压积测定

红细胞计数与家畜红细胞计数方法相同。

血红蛋白测定与家畜血红蛋白测定方法相同，用沙利氏比色法。要说明的是由于家禽红细胞有核，未被破坏，仍然悬浮于比色液中，使血红蛋白值偏高。有人认为大家都用沙利氏法结果偏高是一样的，不用校正；也有人认为应该校正，测定血红蛋白值 ×（0.91～1.49）= 正确数值。结果报告可用两种方法中的一种，但要注明。

红细胞压积测定，方法同家畜测定方法，只是离心时间略短，一般 15～30min 即可。

五、鸡血液常规检查的正常值（仅供参考）

（1）血红蛋白含量：127g/L。

（2）红细胞计数：3.5×10^{12} 个/L；白细胞计数：19.8×10^9 个/L。

（3）白细胞分类计数（%）：嗜碱性粒细胞 1～4，嗜酸性粒细胞 5～8，假嗜伊红性细胞 25～30，淋巴细胞 55～60，单核细胞 10。

（4）红细胞压积：33.7%。

思考题

请指出家禽的血常规检查与家畜的不同之处。

实验二十四 血清生化指标的测定

实验目的及要求

（1）了解和掌握血清某些生化指标（总蛋白含量、丙氨酸氨基转移酶活性）的测定原理、方法。

（2）进一步熟悉血液生化分析仪的使用。

实验器材

（1）总蛋白含量检测试剂盒。

（2）丙氨酸氨基转移酶活性检测试剂盒。

试剂及试剂工作液的配制：

试剂1：	Tris 缓冲液	100mmol/L（pH7.5）
	NADH	0.2mmol/L
	乳酸脱氢酶	>1350U/L
试剂2：	Tris 缓冲液	100mmol/L（pH7.5）
	L-丙氨酸	400mmol/L
	α-酮戊二酸	50mmol/L

将试剂1和试剂2按照4∶1比例混匀，2～8℃条件下可稳定7天。

（3）XD-811L 半自动生化分析仪。

（4）小试管。

（5）水浴仪。

（6）20μL、1mL 移液器。

（7）定时器。

（8）蒸馏水。

（9）测试样本（血清）。

实验内容

一、实验原理

1. 总蛋白含量测定——双缩脲法

在碱性溶液中，蛋白质分子中的肽键与铜离子作用，形成紫红色的复合物，在波长540nm 处有最大吸收。所产生的复合物颜色与蛋白质的浓度成正比。通过与同样处理的蛋白质标准液相比较，可求出血清总蛋白的含量。

这个反应与蛋白质的 R 基因无关，也与蛋白质的分子质量无关，血清中各种蛋白质显色程度基本相同，只要严格控制反应条件（如 pH、反应温度等），是血清蛋白含量测定的理想方法。

2. 丙氨酸氨基转移酶活性测定

在丙氨酸氨基转移酶（ALT）的催化下，丙氨酸的氨基转移到 α-酮戊二酸，生成丙酮酸及谷氨酸。丙酮酸与还原型辅酶Ⅰ（NADH）在 LDH 的催化下反应生成乳酸和氧化型辅酶Ⅰ（NAD^+）。NADH 在波长 340nm 有特异吸收峰，其氧化的速率与血清中 ALT 的活性成正比。在 340nm 处测定 NADH 吸光度下降的速率，即可计算出 ALT 的活性。

二、实验方法

（一）总蛋白含量测定法——双缩脲法

1. 开机

打开电源开关，仪器预热 30min 左右。

2. 仪器初始化

按橙色的"START"键，吸入蒸馏水，仪器初始化，在不同的波长下，2 次蒸馏水的吸光度之差若在 0.002 以内，仪器初始化成功。按任意键，仪器进入功能选择界面。

3. 样品的预处理

按表 24-1 所示步骤添加试剂，混匀，37℃孵育 10min，检测。

表 24-1 样品预处理

试剂	空白管	标准管	样本管
总蛋白试剂（μL）	1000	1000	1000
37℃孵育 10min			
蒸馏水（μL）	20		
标准品（μL）		20	
样本（μL）			20

4. 编辑

移动鼠标点击"编辑"按钮，进入项目编辑界面，选中"总蛋白"，按"编辑"按钮，弹出"编辑"对话框，根据总蛋白测定试剂盒使用说明书编辑如下：项目名称——总蛋白，方法——终点法，波长 1——545nm、波长 2——NO，空白——试剂空白，标准——√。

点击"标准值"按钮，弹出"标准值输入"对话框，填写：标准数量——1，重复数目——2，曲线类型——线性，标准值—1.70.00，其余皆为 0.00。填写完后，按"标准值输入"对话框中的"确定"按钮，退出该对话框。

单位——g/L，小数——2，延迟时间——5s，吸液量——600μL，填写完上述参数后，按"确定"按钮，弹出"参数保存"对话框，点击"保存"按钮，编辑完成并返回项目编辑界面，按此菜单中的"返回"按钮，返回功能选择界面。

5. 测试

移动鼠标点击"测试"按钮进入测试界面，依次测蒸馏水、空白液。测完后，仪器显示测样品液，此时移动鼠标点击"标准"按钮，仪器显示准备测试第 1 点标准、第 2 点标准。标准测完后，弹出"标准曲线"对话框，显示此次标准曲线和仪器已存的标准曲线，如要保留此次标准曲线，则按"确定"按钮，样品总蛋白含量则以此标准换算，否则按"取消"按钮，不保存此次标准曲线，样品总蛋白含量将以已保存的标准换算。测试样品。

6. 清洗

样本测试完后，用专用的半自动生化分析仪清洁液浸洗 15min 左右，反复用蒸馏水清洗，直至洗出的液体清亮透明为止。

7. 关机

返回功能选择界面，关机。

8. 注意事项

（1）试剂中含有防腐剂和稳定剂，可能存在一定的刺激作用或毒性，请勿直接接触皮肤、眼睛。一旦接触，立即用大量清水冲洗。请勿吞服。

（2）试剂与样本的用量可按比例改变。

（二）丙氨酸氨基转移酶活性测定

1. 开机

打开电源开关，仪器预热 30min 左右。

2. 仪器初始化

按橙色的"START"键，吸入蒸馏水，仪器初始化，在不同的波长下，两次蒸馏水的吸光度之差若在 0.002 以内仪器初始化成功，按任意键，仪器进入功能选择界面。

3. 编辑

移动鼠标点击"编辑"按钮，进入项目编辑界面，选中"丙氨酸氨基转移酶"按"编辑"按钮，弹出"编辑"对话框，根据丙氨酸氨基转移酶测定试剂盒使用说明书编辑如下：项目名称——丙氨酸氮基转移酶，方法——动态法，波长 1——340nm，因素——√，因素值——3376（不同厂家的试剂因素值可能不一样），单位——U/L，小数——2，延迟时间——60s，读数时间——90s，吸液量——600μL。

填写完上述参数后，按"确定"按钮，弹出"参数保存"对话框，点击"保存"按钮，编辑完成并返回项目编辑界面，按此菜单中的"返回"按钮，返回功能选择界面。

4. 测试

移动鼠标点击"测试"按钮进入测试界面。蒸馏水测完后，测样品。取 50μL 血清（血浆），加入 1000μL 工作液，混匀，即测，记录结果。

5. 清洗

样本测试完后，用专用的半自动生化分析仪清洁液浸洗15min左右，反复用蒸馏水清洗，直至洗出的液体清亮透明为止。

6. 关机

返回功能选择界面，关机。

7. 注意事项

（1）高脂或者黄疸标本在340nm处有较强吸收峰，这些标本中高水平的ALT会导致底物耗尽面在340nm仍然维持高光度吸收值，此时样品应该稀释后再测试。

（2）在延迟时间内，样本中丙酮酸含量若高会消耗NADH，从而影响测试的效果。

（3）试剂中含有防腐剂和稳定剂，可能存在一定的刺激作用或毒性，请勿直接接触皮肤、眼睛。一旦接触，立即用大量清水冲洗。请勿吞服。

思考题

（1）血清总蛋白含量的测定原理、方法分别是什么？

（2）血清丙氨酸氨基转移酶活性的测定原理、方法分别是什么？

实验二十五 心电图机的使用

实验目的及要求

（1）学会心电图机的使用及心电图的描记方法。

（2）初步掌握分析心电图的方法。

实验器材

心电图机（见图 25-1）、酒精棉球、圆规等。

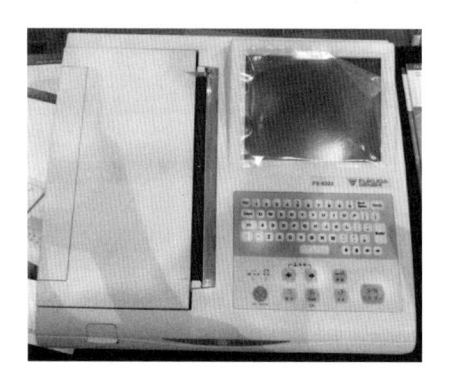

图 25-1　心电图主机界面

实验内容

一、心电图机的构造

实习时，结合心电图机讲解。

二、心电图描记常用导联

将检查电极放置于躯体的任何两个部位，并与心电图机相连，从而完成了有电流通过的电路来记录此两个部位的电位差，称为导联。

临床上常用的导联有双极肢体导联（标准导联），加压单极肢体导联，A、B 导联，单极胸导联。

1. 双极肢体导联（标准导联）

导联 I：右前肢→左前肢。

导联 II：右前肢→左后肢。

导联 III：左前肢 – 左后肢。

电极连接部位，前肢在腕关节外上方 3～5cm 处，后肢在跗关节处上方 5～10cm 处。

2. 加压单极肢体导联

aVR：探查电极接右前肢。

aVL：探查电极接左前肢。

aVF：探查电极接左后肢。

电极连接部位与标准导联相同。

3. A、B 导联

（1）牛 R 夹在左侧肩骨前沿中央，L 夹在左侧肘头后方约 4 指宽处。

（2）羊 R 夹在右侧肩胛顶点与肩关节连线的上 1/4 处，L 夹在左侧肘头后方约 2 指宽处，导联选择器用标准导联 I。

4. 单极胸导联（家畜少用）

Va：右侧肘关节水平线与第 3～4 肋间交界处，相当于右心室前壁。

Vb：胸下剑状软骨突起后方凹陷处，相当于对向室中隔部。

Vc：左侧肘关节水平线，与第 3～4 肋间交界处，相当于右心室前壁部。

实际上心电图机上的导联盘已将这些连好，只要扭向某一个导联，这一导联的两个探查电极就接通了。

要注意，连接导联盘的一个总导线，分成 10 根导线，千万不要接错。

三、心电图机的操作步骤

（1）被检动物要站在橡皮、木板等绝缘物上，置放电极的部位要剪毛，以酒精棉球充分擦拭脱脂，应用鳄鱼夹直接代替电极板，夹到探查部位的皮肤上即可。

要随时注意家畜排粪尿，因地面一打湿就无法进行描记。

（2）连接电源、地线，打开电源开关，校正标准电压。标准电压以 1mV 使热笔上下摆动 10mm 为合适，即 1mm 高度相当于 0.1mV。心电图纸如以 25mm/s 的速度移动，那么图上一格所需时间为 0.04s。

（3）连接肢导线，并将肢导线的总插头连于心电图机上。连接肢导线时，按如下规定：红线连接右前肢电极；黄线连接左前肢电极；绿线连接左后肢电极；黑线连接右后肢电极（见图 25-2）；白线连接胸前电极。

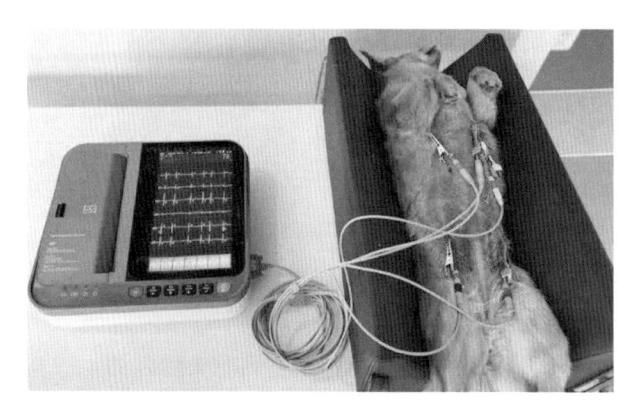

图 25-2　双极肢体导联

（4）转动导程选择器，基线稳定且无干扰时，即可描记或摄照，每个导联描记 4～6 个心动周期。遇心律失常的动物，为便于分析，可选择一个导程，适当地多描记一些心动周期。

（5）描记完毕，关闭电源开关，旋回导程选择器，卸下肢导线及地线，并注明动物号及描记日期。

四、心电图各波和间期的测量

观察心电图时，应注重各波的形状、方向、振幅大小、高度、深度以及持续时间和各个间期等有无改变，具体观察如下：

（1）以 P 波开始时所连接的直线为标准零线，也称等电线。

（2）波的方向，在零线以上者，为阳性（向上），测量其振幅时应从零线的上缘量至波顶。在零线以下者则为阴性（向下），测量其振幅时，应从零线以下量至波底。

（3）若一个波的一部分为阳性，另一部分为阴性，则称此波为两相波，测量时则以阴阳两相波的代数和计算。

（4）以毫伏（mV）作为波的高度单位，称为波高，如 1mV 标准电压使描记笔上下摆动 10 小格，则每 1 小格为 0.1mV。

（5）心电图记录纸上有纵横两种线条，纵线代表电压，横线代表时间。

（6）以秒（s）为单位代表波的持续时间，如心电图纸移动速度为 15mm/s，则 1 小格为 0.04s。

五、正常心电图（见图 25-3）及其分析

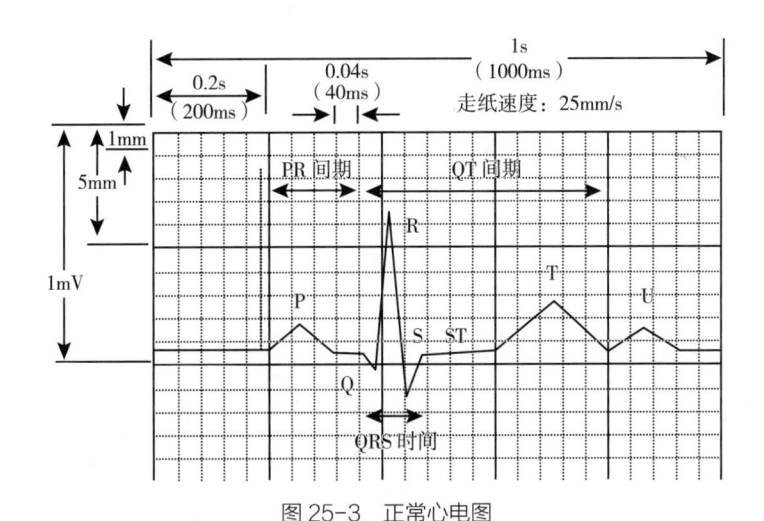

图 25-3　正常心电图

在一个心动周期中，心电图包括 5 个波，分别以 P、Q、R、S、T 来表示，现以标准第二导联的波形为例，分析各波的形成。

P 波：是反映两心房的兴奋过程，其前部代表右心房的兴奋，后部代表左心房的兴奋，正常这两部是混合而不能分开的。

P-Q 间期：指由 P 波开始到 Q、R、S 波群的起点的一段，代表心房兴奋开始到心

室兴奋开始的间隔时间。

QRS综合波：反映左、右心室的兴奋过程。典型的QRS波群，包括3个紧密相连的波，第一个向下波为Q波，其后一个狭窄而高耸的向上波为R波，与R波相连的又是一个向下波为S波。

S-T段：是指QRS波群终了到T波开始之间的一段，代表全部心室除极完毕到复极开始的时间。

Q-T间期：是指以QRS波群的起点到T波终了的一段，代表心室兴奋及恢复所需要的全部时间。

P-P（R-R）间期：从前一个P（R）波的起点到下一个P（R）波的起点，称为P-P间期（或R-R间期），代表心动周期。由此可知，心电图反映着心脏的兴奋传导过程。

分析心电图按如下步骤进行：

（1）将各导程心电图剪好，按顺序贴好，标明导程，测量P-P或R-R间期，计算出心率。遇心房纤颤等心律失常，应连续测量10个R-R间期，取其平均值以计算心室搏动率。由P-P或R-R间期，可按下式计算心率：

$$心率\frac{次}{min} = \frac{60}{P-P或R-R间期(s)}$$

（2）测量P-P间期及Q-T间期，必要时，测定QRS时间。

（3）检查各个导程，注意P波、Q波、QRS综合波、S-T段及T波的形状、电压及其相互间比例有无改变，初步确定心电图是否正常。如不正常，是否符合某一种心电图改变，做出初步诊断。

（4）比较P-P间隔和R-R间隔，找出房律和室律的关系，注意有无提前、错后或不整的P波或QRS波群，以判定异位激动的来源与心脏传导阻滞的部位。

（5）最后参照病畜的年龄、性别、临床诊断和用药情况等资料，进行综合分析，做出心电图的判断。

思考题

（1）应用学过的心电图知识，简要分析心电图并用心电图测定心率。

（2）简述心电描记的方法及注意事项。

实验二十六 血压计的使用

实验目的及要求

掌握血压计的准确使用,并能够给小型动物(如犬)测定血压。

实验材料

水银血压计。

实验内容

一、实验原理

目前听诊法测量血压所用的血压计由气球、袖带和检压计三部分组成。袖带的橡皮囊上的两管分别与气球和检压计相连,三者形成一个密闭的管道系统。检压计有水银柱式和弹簧式两种。

测量血压时先用气球向缠缚于检测部位的袖带内充气加压,压力经软组织作用于动脉。当所加压力高于心收缩压力时,由气球慢慢向外放气,袖带内的压力即随之下降,当袖带内的压力等于或稍低于心收缩压力时,随着心缩射血,血液即可冲开被阻断的血管形成涡流,用听诊器便开始听到搏动的声音,此时检压计所指示的压力值即相当于收缩压。继续缓慢放气,使袖带内压力逐渐降低,当袖带内压力低于心收缩压,但高于心舒张压这一段时间内,心脏每收缩一次,均可听到一次声音。

当袖带压力降低到等于或稍低于舒张压时,血流复又畅通,伴随心跳所发出的声音便突然变弱或消失,此时检压计所指示的压力值即相当于舒张压。

二、实验操作

待检动物取站立姿势，将血压计的袖带绑在股部，要求袖带不要过紧，也不要过松。戴好听诊器，用手在小型动物的股部摸到股动脉的搏动，然后把听诊器放在上面，这个时候就能听见动脉跳动的"咚咚"声。用打气球向袖带内打气，压力加到股动脉搏动的声音听不见为止，随后通过胶皮球旁边的活塞缓缓放气，减少压力，每秒钟放气量以下降两个刻度为宜。一边放气，一边观察并注意水银柱所指的刻度，当听见第一声搏动，此时水银柱所指的刻度就是收缩压。压力继续减轻，直到动脉搏动的声音逐渐增加至突然变软、变弱时，这时所指的刻度为舒张压（注意并非是搏动的声音完全消失）。

测量血压一般要连续测 2～3 次，取其最低值。

思考题

影响血压高低的因素有哪些？在检测应该注意什么问题？

实验二十七　注射与穿刺器具的使用

实验目的及要求

（1）掌握皮内注射、皮下注射、肌内注射和静脉注射等方法。

（2）掌握静脉输液的方法。

（3）掌握心脏穿刺、腹腔穿刺、瘤胃穿刺等方法。

实验动物

牛、羊、驴或马若干。

实验器材

保定绳、注射器、连续注射器、采血管、套管针、输液器、常规药物等。

实验内容

一、注射法

（一）皮内注射

1. 应用

用于某些疾病的变态反应诊断如牛结核、牛肝蛭病、副结核分枝杆菌病、马鼻疽等，或做药物过敏试验及炭疽Ⅱ苗、绵羊痘等的预防接种。

2. 准备

结核菌素注射器或1～2mL特制的注射器与短针头。炭疽Ⅱ苗预防接种的连续注射器以及应用药品等。

3. 部位

根据不同动物可在颈侧中部或尾根内侧。

4. 方法

左手拇指与食指将皮肤捏起皱襞，右手持注射器使针头尖与皮肤呈30°刺入皮内约0.5cm，深达真皮层，即可注射规定量的药液。注毕，拔出针头，术部轻轻消毒，但应避免挤压。注射疫苗时应用碘仿火棉胶封闭针孔，预防药液流出或感染。注射准确时，可见注射局部形成小豆大的隆起，并感到推药时有一定阻力，如误入皮下则无此现象。

5. 注意事项

注射部位一定要认真判定准确无误，否则将影响诊断和预防接种的效果。

（二）皮下注射

1. 应用

将药液注射于皮下结缔组织内，经毛细血管、淋巴管吸收进入血液，发挥药效作用，而达到防治疾病的目的。凡是易溶解，无强刺激性的药品及疫苗、菌苗等，均可做皮下注射。

2. 准备

根据注射药量多少，可用10～50mL的注射器及针头。当吸引药液时，先将安瓿瓶封口端用酒精棉球消毒，并随时检查药品名称及质量，然后打去顶端，再将连接针头的注射器插入安瓿瓶的药液中，慢慢抽出针筒活塞吸引药液到针筒中，吸完后排出气泡，用酒精棉球包好针头。

3. 部位

多选在皮肤较薄、富有皮下组织、松弛容易移动、活动性较小的部位。大型动物多在颈部两侧，猪在耳根后或股内侧，羊在颈侧、肘后或股内侧，禽类在翼下，犬可在颈侧及股内侧。

4. 方法

左手中指和拇指捏起注射部位的皮肤，同时以食指尖压皱褶向下陷呈窝，右手持连接针头的注射器，从皱褶基部的陷窝处刺入皮下2～3cm，此时如感觉针头无抵抗，且能自由活动针头时，左手把持针头连接部，右手推压针筒活塞，即可注射药液。如需注射大量药液时,应分点注射。注完后,左手持酒精棉球按住刺入点,右手拔出针头,局部消毒。必要时可对局部进行轻度按摩,促进吸收。

5. 利弊

(1)皮下注射的药液,可通过皮下结缔组织中的广泛的毛细血管吸收而进入血液。

(2)药物的吸收比经口给药和直肠给药发挥药效快而确实。

(3)与血管内注射比较,没有危险性,操作容易,大量药液也可注射,而且药效作用持续时间较长。

(4)皮下注射时,根据药物的种类,有时引起注射局部的肿胀和疼痛,特别对局部刺激较强的钙制剂、砷制剂、水合氯醛及高渗溶液等,易诱发炎症,甚至组织坏死。

(5)因皮下有脂肪层,吸收较慢,一般经 5～10min,才能呈现药效。

6. 注意事项

刺激性强的药品不能做皮下注射。多量注射补液时,需将药液加温后分点注射。注后应轻度按摩或进行温敷,以促进吸收。

(三)肌内注射

1. 应用

由于肌肉内血管丰富,药液渗入肌肉内吸收较快。肌肉内的感觉神经较少,故疼痛轻微。所以,一般刺激性较强和较难吸收的药液,进行血管内注射。而有不良反应的药液、油剂、乳剂等不能进行血管内注射的药液,为了缓慢吸收、持续发挥作用的药液等均可应用肌内注射。

2. 准备

同皮下注射。

3. 部位

大型动物与犊、驹、羊、犬等多在颈侧及臀部;猪在耳根后、臀部或股内侧;禽类在胸肌部。但应避开大血管及神经的经路。图 27-1 为猪和马的肌肉注射部位。

4. 方法

(1)左手的拇指与食指轻压注射局部,右手如执笔式持注射器,使针头与皮肤呈垂

图 27-1　猪（A）和马（B）的肌肉注射部位

直，迅速刺入肌肉内。一般刺入 2～4cm，而后用左手拇指与食指握住露出皮外的针头结合部分，以食指指节顶在皮上，再用右手抽动针筒活塞，确认无回血后，即可注入药液。注射完毕，用左手持酒精棉球压迫针孔部，迅速拔出针头。

（2）以左手拇指、食指捏住针体后部，右手持针筒部，两手握注射器，垂直迅速刺入肌肉内，而后按上述方法注入药液。

（3）左手持注射器，先以右手持注射针头刺入肌肉内，然后把注射器转给右手，左手把住针头（或连接的乳胶管），右手持的注射器与针头（或连接的乳胶管）接合好，再行注入药液。

5. 利弊

（1）肌肉内注射由于吸收缓慢，能长时间保持药效、维持浓度。

（2）注射的药液虽然具有吸收较慢、感觉迟钝的优点，但不能注射大量药浆。

（3）由于动物的骚动或注射者操作不熟练，注射针头或注射器的接合头易折断。

6. 注意事项

（1）针体刺入深度，一般只刺入 2/3，不宜全长刺入，以防针体折断。

（2）对强刺激性药物（如水合氯醛、钙制剂、浓盐水等），不能肌内注射。

（3）注射针尖如接触神经时，则动物感觉疼痛不安，应变换方向，再注射药液。

（4）一旦针体折断，应立即拔出。如不能拔出时，先将病畜保定好，防止骚动，局部麻醉后迅速切开注射部位，用小镊子或钳子拔出折断的针体。

（四）静脉注射

1. 应用

静脉注射主要应用于大量的输液、输血，以治疗为目的急需速效的药物（如急救、强心等），以及刺激性较强的药物或皮下、肌肉不能注射的药物等。

2. 准备

（1）根据注射用量可备 50～100mL 注射器及相应的注射针头（或连接乳胶管的针头）。大量输液时则应用输液瓶（500～1000mL），并以乳胶管连接针头，在乳胶管中段装以滴注玻璃管或乳胶管夹子，以调节滴数，掌握其注入速度。

（2）注射药液的温度要接近于体温。

（3）动物站立保定，使头稍向前伸，并稍偏向对侧。小型动物可行侧卧保定。

3. 部位

马、牛、羊、骆驼、鹿、犬等均在颈静脉的上 1/3 与中 1/3 的交界处（见图 27-2）；猪在耳静脉或前腔静脉；禽类在翼下静脉；特殊情况，牛也可在胸外静脉及母牛的乳房静脉。

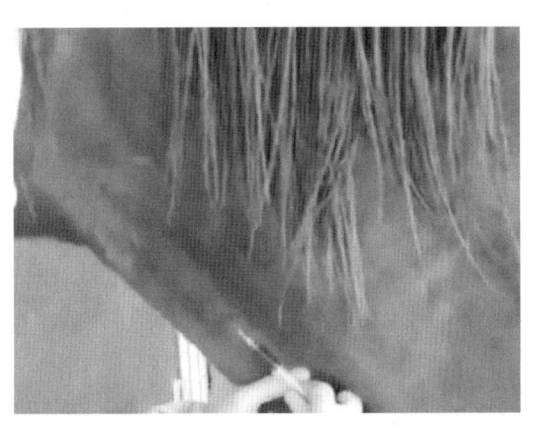

图 27-2　马的静脉注射部位

4. 方法

（1）马的静脉注射

1）首先确定颈静脉经路，然后术者用左手拇指横压注射部位稍下方（近心端）的颈静脉沟上，使脉管充盈怒张。

2）右手持连接针头的注射器，使针尖斜面向上，沿颈静脉经路，在压迫点前上方约 2cm 处，使针尖与皮肤成 30°～45°，准确迅速地刺入静脉内，并感到空虚或听到清脆声，见有回血后，再沿脉管向前进针，松开左手，同时用拇指与食指固定针头的连接部，靠近皮肤，放低右手减少其间角度，此时即可推动针筒活塞，徐徐注入药液。

3）可采取分解动作的注射方法，即按上述操作要领，先将针头（或连接乳胶管的针头）刺入静脉内，见有回血时，再继续向前进针，松开左手，连接注射器或输液瓶的乳胶管，即可徐徐注入药液。如为输液瓶时，应先放低输液瓶，验证有回血后，再将输液瓶提至与动物头同高，并用夹子将乳胶管近端固定于颈部皮肤上，药液则徐徐地流入静脉内。

4）采用连接长乳胶管针头的一次注射法。先将连接长乳胶管的输液瓶或盐水瓶提高，流出药液，然后用右手将针头连接的乳胶管折叠捏紧，再按上述方法将针头刺入静脉内，注入药液。

5）注射完毕，左手持酒精棉球棒或棉球压紧针孔，右手迅速拔出针头，而后涂5%碘酊消毒。

（2）牛的静脉注射

牛的皮肤较厚且敏感，用马的静脉刺入方法较困难，一般应用突然刺针方法。即助手用牛鼻钳或一手握角，一手握鼻中隔，将牛头部安全固定，而后术者左手拇指压迫颈静脉的下方，或用一根细绳（或橡胶管）将颈部的中1/3下方缠紧，使静脉怒张，右手持针头，对准注射部位并与皮肤垂直，用腕的弹拨力迅速刺入血管，见有血液流出后，将针头再沿血管向前推送，连接注射器或输液瓶（或盐水瓶）的乳胶管，举起输液瓶则药液即可徐徐流入血管中。

（3）羊、犬的静脉注射

与马基本相同。

（4）猪的静脉注射

1）耳静脉注射法（见图27-3）：将猪站立或侧卧保定，耳静脉局部剪毛、消毒。

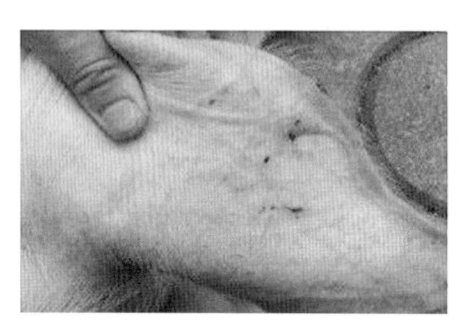

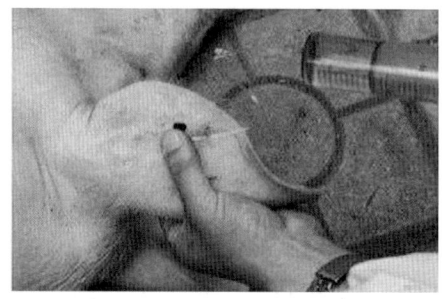

图27-3 猪的耳静脉注射

其具体方法如下：助手捏住猪耳背面的耳根部的静脉管处，使静脉怒张，或用酒精棉球反复涂擦，并用手指头弹扣，以引起血管充盈；术者用左手把持耳尖，并将其托平；右手持连接针头的注射器，沿静脉管的经路刺入血管内，轻轻抽引针筒活塞，见有回血后，再沿血管向前进针；松开压迫静脉的手指，术者用左手拇指压住注射针头，连同注射器固定在猪耳上，右手徐徐推进针筒活塞即可注入药液；注射完毕，左手拿酒精棉球紧压针孔处，右手迅速拔针。为了防止血肿或针孔出血，应压迫片刻，最后涂擦5%碘酊消毒。

2）前腔静脉注射法：用于大量输液或采血。前腔静脉是由左右两侧的颈静脉与腋静脉至第1对肋骨间的胸腔入口处时，于气管腹侧面汇合而成。

注射部位在第1肋骨与肋骨柄结合处的前方。由于左侧靠近膈神经，而易损伤，故多于右侧进行注射。针头刺入方向，呈近似垂直并稍向中央及胸腔方向，刺入深度依猪体大小而定，一般深2～6cm。为此，要选用适宜的16～20号针头。

取站立或仰卧保定。其方法是：站立保定时，取右侧，于耳根至胸骨柄的连线上，距胸骨端1～3cm处，术者拿连接针头的注射器，稍斜向中央并刺向第1肋骨间胸腔入口处，边刺入边回血，见有回血时，即标志已刺入胸腔静脉内，可徐徐注入药液；取仰卧保定时，胸骨柄可向前突出，并于两侧第1肋骨结合处的前面，侧方呈两个明显的凹陷窝，用手指沿胸骨柄两侧触诊时更感明显，多在右侧凹陷窝处进行注射；先固定好猪两前肢及头部，消毒后，术者持连接针头的注射器，由右侧沿第1肋骨与胸骨结合部前侧方的凹陷窝处刺入，并稍偏斜刺向中央及胸腔方向，边刺边回血，见回血后，即可注入药液，注完后左手持酒精棉球紧压针孔，右手拔出针头，涂5%碘酊消毒。

5. 利弊

（1）药液直接注入脉管内，随血液分布全身，药效快、作用强，注射部位疼痛反应较轻。但药物代谢较快，作用时间较短。

（2）病畜能耐受刺激性较强的药液（如钙制剂、水合氯醛、九一四等）和容纳大量的输液和输血。

（3）当注射速度过快，药液温度过低，可能引起不良反应，同时有些药物发生过敏现象。

6. 注意事项

（1）严格遵守无菌操作规范，对所有注射用具、注射局部均应严格消毒。

（2）注射时要注意检查针头是否畅通，当反复刺入时常被组织块或血凝块堵塞，应随时更换针头。

（3）注射时要看清脉管经路，明确注射部位，一针见血，防止乱刺，以免引起局部血肿或静脉炎。

（4）刺针前应排净注射器或输液乳胶管中的气泡。

（5）混合注入多种药液时，应注意配伍禁忌，油类制剂不能做静脉注射。

（6）大量输液时，注入速度不宜过快，以每分钟 10～20mL 为宜，药液最好加温至动物体相同温度，同时注意心脏功能。

（7）输液过程中，要经常注意动物表现，如有骚动、出汗、气喘、肌肉震颤等征象时，应及时停止注射。当发现输入液体突然过慢或停止以及注射局部明显肿胀时，应检查回血，放低输液瓶，或一手捏紧乳胶管上部，使药液停止下流，再用另一只手在乳胶管下部突然加压或拉长，并随即放开，利用产生的一时性负压，看其是否回血。另外，也可用右手小指与手掌捏紧乳胶管，同时以拇指与食指捏紧远心端前段乳胶管拉长，造成空隙，随即放开，看其是否回血。如针头已滑出血管外，则应顺针头或重新刺入。

7. 静脉注射时药液外漏的处理

静脉注射时，常由于未刺入血管或刺入后因病畜骚动而针头移位脱出血管外，致使药液漏于皮下。故当发现药液外漏时，应立即停止注射，根据不同的药液采取下列措施处理。

（1）立即用注射器抽出外漏的药液。

（2）如果是等渗溶液（如生理盐水或等渗葡萄糖），一般很快会自然吸收。

（3）如果是高渗盐溶液，则应向肿胀局部及其周围注入适量的灭菌注射用水，以稀释之。

（4）如果是刺激性强或有腐蚀性的药液，则应向其周围组织内注入生理盐水。如果是氯化钙溶液，可注入 10% 硫酸钠或 10% 硫代硫酸钠 10～20mL，使氯化钙变为无刺激性的硫酸钙和氯化钠。

（5）局部可用 5%～20% 硫酸镁进行温敷，以缓解疼痛。

（6）如系大量药液外漏，应做早期切开，并用高渗硫酸镁溶液引流。

（五）胸腔注射

1. 应用

为治疗胸膜炎，将某些治疗药物，直接注射于胸腔中兼起局部治疗作用；或可用于胸腔穿刺抽取胸腔积液，做实验室诊断。

2. 部位

马位于右侧第6肋间（左侧第7肋间），胸外静脉上方2cm；牛于右侧第5肋间（左侧第6肋间），同上部位；猪则于第7肋间。

3. 方法

（1）动物站立保定；术部消毒、剪毛。

（2）术者以左手于穿刺部位先将局部皮肤稍向上方拉动1～2cm；右手持连接针头的注射器，沿肋骨前缘垂直刺入（深度3～5cm）。

（3）注入药液（或吸取积液）后，拔出针头；使局部皮肤复位，进行消毒处理。

4. 注意

注射过程中应防止空气窜入胸腔。

（六）腹腔注射

1. 应用

主要用于注入药液治疗之用，由于腹膜腔能容纳大量药液并有吸收能力，故可做大量输液，常用于猪、犬和猫。

2. 部位

马在左侧肷窝部；牛在右肷窝部；较小的猪则宜在两侧后腹部（见图27-4）。

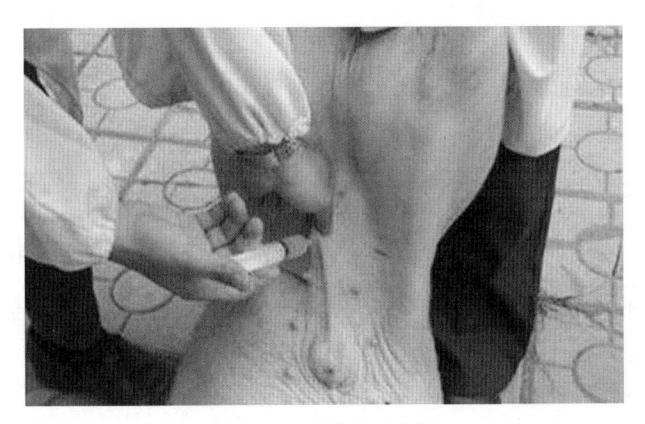

图 27-4　猪的腹腔静脉

3. 方法（以猪为例）

（1）将猪两后肢提起，做倒立保定；局部剪毛、消毒。

（2）术者一手把握猪的腹侧壁，另一手持连接针头的注射器（或仅取注射针头）于距耻骨前缘 3～5cm 的中线旁，垂直刺入 2～3cm。

（3）注入药液（或连接输液瓶的输液管，进行输液），事毕拔出针头，局部消毒处理。

4. 注意事项

腹腔注射宜用无刺激的药液；如进行大量输液时，则宜用等渗溶液，并将药液加温至近似体温的程度。

（七）动脉注射

1. 应用

主要用于肢蹄、乳房及头颈部的急性炎症或化脓性炎症疾病的治疗。一般使用普鲁卡因青霉素或其他抗生素及磺胺类药物注射。

2. 准备

与一般注射的准备相同，保定宜确实安全，消毒要彻底。

3. 部位

（1）肢蹄注射的部位

1）正中动脉注射部位：前臂部上 1/3 的内侧面（肘关节下方 2～3cm 处），桡骨内侧嵴的后方。

2）掌骨大动脉（指总动脉）注射部位：掌骨内侧面上 1/3 和中 1/3 交界处，此处动脉较浅，在屈指深肌的前缘，即可触摸到该动脉的搏动。

3）跖骨外侧动脉注射部位：跖骨外侧上 1/3 处的大跖骨和小跖骨之间的沟中。

（2）会阴动脉注射部位：在乳房后正中提悬带附着部的上方二三指处，可触知会阴体表的会阴静脉，于会阴静脉侧方附近，与会阴静脉平行即为会阴动脉。

（3）颈动脉注射的部位：约在颈部的上 1/3 部，即颈静脉上缘的假想平行线与第 6 颈椎横突起的中央，向下引垂线，其交点即为注射部位。

4. 方法

（1）正中动脉注射法：病畜侧卧保定，注射肢前方转位，然后用左手食指压迫动脉，用右手持连接乳胶管的针头，在压迫部位上比方 0.5cm 处刺针。刺入皮肤后，取 40°～60°角将针头由上向下接近血管，当感到动脉搏动时以迅速的弹力刺入动脉内。如血液呈鲜红色脉搏样涌出时，即为正确。此时立刻连接注射器，注入药液。注后，左手持酒精棉球压迫注射部位，拔出针头，停留片刻压迫血管，而后用5%碘酊消毒。

（2）掌骨大动脉（指总动脉）注射法：将前肢前方转位，保持伸展状态，左手拇指压迫掌骨大动脉，右手持针头对皮肤呈45°的方向，向下刺入动脉内，注入药液。

（3）跖背外侧动脉注射法：确定部位后，术者左手指在刺入部位下方，压迫沟内的动脉血管，右手持针头自压迫部的上方0.5～1cm处，取35°～45°角向内方刺入，即可刺入该动脉内。

（4）会阴动脉注射法：先以左手触摸到会阴静脉，在其附近，右手用针先刺入4～6cm深，此时稍有弹力性的抵抗感，再刺入即可进入动脉内，并见有搏动样的鲜红色血液涌出，立即连接注射器，徐徐注入药液。

（5）颈动脉注射法：在病灶的同侧，注射部位消毒后，一手握住注射部位下方，另一手持连接针头的注射器与皮肤呈直角刺入4cm左右。刺入过程同样有动脉搏动感，流出鲜红色血液，即可注入药液。

5. 利弊

（1）动脉注射抗生素药物，直接作用于局部，发挥药效快、作用强。特别是治疗乳房炎时，经会阴动脉注射药液，可直接分布于乳腺的毛细血管内，迅速奏效。

（2）动脉注射药液有局限性，不适合全身性治疗。注射技术要求高，不如静脉注射易于掌握、应用广泛。

6. 注意事项

（1）保定确实，操作要准确，严防意外。

（2）当刺入动脉之后，应迅速连接注射器，防止流血过多，污染术部，影响操作。操作熟练者最好一次注入，以免出血。

（3）注射药液时，要握紧针筒活塞，防止由于血压力量，而顶出针筒活塞。

（八）气管内注射

1. 应用

将药液注入气管内。用于治疗肺脏与气管疾病及肺脏的驱虫。

2. 准备

病畜站立保定，抬高头部，术部剪毛、消毒。

3. 部位

根据动物种类及注射目的而注射部位不同。一般在颈上部，腹侧面正中，两个气管轮软骨环之间进行注射。猪的气管内注射（见图27-5）。

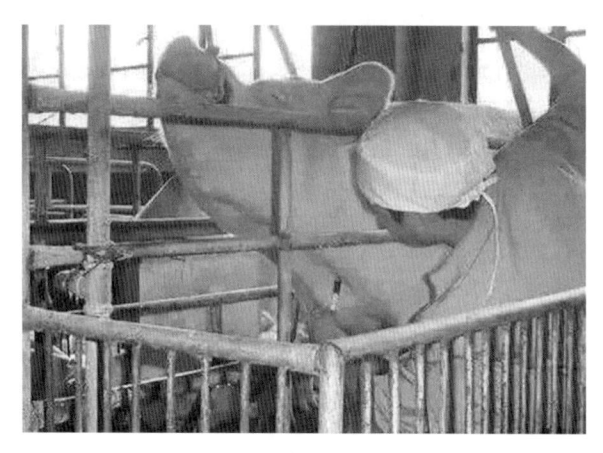

图27-5 猪的气管内注射

4. 方法

术者持连接针头的注射器，右手握住气管，于两个气管轮软骨环之间，垂直刺入气管内，此时摆动针头，感觉前端空虚，再缓缓滴入药液。注完后拔出针头，涂擦5%碘酊消毒。

5. 注意

（1）注射前宜将药液加温至畜体同温，以减轻刺激性。

（2）注射过程如遇动物咳嗽时，应暂停，待其安静后再注入。

（3）注射速度不宜过快，最好一滴一滴地注入，以免刺激气管黏膜，咳出药液。

（4）如病畜咳嗽剧烈，或为了防止注射诱发咳嗽，可先注射2%盐酸普鲁卡因溶液2～5mL（大型动物），降低气管的敏感反应，再注入药液。

（九）心脏内注射

1. 应用

当病畜心脏功能急剧衰竭，静脉注射急救无效时，可将强心剂直接注入心脏内，恢复心功能来抢救病畜。此外，还应用于家兔、豚鼠等实验动物的心脏直接采血。

2. 准备

大型动物用 15～20cm 长的针头，小型动物用一般注射针头。注射药液多为盐酸肾上腺素。

3. 部位

牛在左侧肩端水平线下，第 4～5 肋间；马在左侧肩端水平线的稍下方，第 5～6 肋间；猪在左侧肩端水平线下第 4 肋间。

4. 方法

以左手稍移动注射部位的皮肤然后压住，右手持连接针头的注射器，垂直刺入心外膜，再进针 3～4cm 可达心肌。当针头刺入心肌时有心搏动感，注射器摆动，继续刺针可达左心室内，此时感到阻力消失。拉引针筒活塞时回流暗红色血液，然后徐徐注入药液，很快进入冠状动脉，迅速作用于心肌，恢复心脏机能。注射完毕，拔出针头，术部涂 5% 碘酊消毒。用碘仿火棉胶封闭针孔。

5. 注意事项

（1）动物确实保定，操作要认真，刺入部位要准确，以防损伤心肌。

（2）为了确实注入药液，可配合人工呼吸，防止由于缺氧引起呼吸困难而带来危险。

（3）心脏内注射时，由于刺入的部位不同，可引起各种危险，应严格掌握操作常规，以防意外。

1）当注入心房壁时，因心房壁薄，伴随搏动而有出血的危险。此乃注射部位不当，应改换位置，重新刺入。

2）在心搏动中如将药液注入心内膜时，有引起心脏停搏的危险。这主要是注射前判定不准确，并未回血所造成。

3）当针刺入心肌，注入药液时，也易发生各种危险。此乃深度不够所致，应继续刺入至心室内经回血后再注入。

4）心室内注射容易，效果显著，但注入过急，可引起心肌的持续性收缩，易诱发急性心搏动停止。因此，必须缓慢注入药液。

（4）心脏内注射不得反复应用，此种刺激可引起传导系统发生障碍。

（十）瓣胃内注射

1. 应用

将药液直接注入于瓣胃中，使其内容物软化通畅。主要用于治疗瓣胃阻塞。

2. 准备

用15cm长的（4×16～18号）针头，100mL注射器。注射用药品有液状石蜡、25%硫酸镁、生理盐水、植物油等。

3. 部位

瓣胃位于右侧第7～10肋间，其注射部位在右侧第9肋间与肩关节水平线相交点的下方2cm处（见图27-6）。

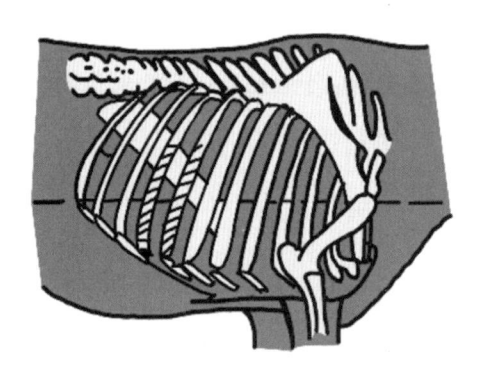

图27-6　牛的瓣胃注射位置示意

4. 方法

术者左手稍移动皮肤，右手持针头垂直刺入皮肤后，一使针头转向左侧肘头左前下方，刺入深度8～10cm，先有阻力感，当刺入瓣胃内则阻力减小，并有沙沙感。此时注入20～50mL生理盐水，再回抽如混有食糜或被食糜污染的液体时，即为正确。可开始注入所需药物（如25%～30%硫酸镁300～500mL，生理盐水2000mL、液状石蜡500mL），注射完毕，迅速拔出针头，术部涂5%碘酊消毒，以碘仿火棉胶封闭针孔。

5. 注意事项

（1）操作过程中宜将病畜确实保定，注意安全，以防意外。

（2）注射中病畜骚动时，要确实判定针头是否在瓣胃内，而后再行注入药物。

（3）在针头刺入瓣胃后，回抽注射器，如有血液或胆汁，是误刺入肝脏或胆囊，表明位置过高或针头偏向上方的结果。这时应拔出针头，另行移向下方刺入。

（4）注射1次无效时，可每日注射1次，连注2～3次。必要时，为兴奋瓣胃机能，可应用酒石酸锑钾5.0～8.0g，加入水适量注入瓣胃内。

（十一）乳房注射

1. 应用

乳房注射是指将药液通过乳管注入乳池内，主要用于治疗奶牛、奶山羊的乳房炎。有时也通过乳导管注入空气即乳房送风，治疗奶牛生产瘫痪。乳房注射一般应用导乳管或尖端磨得光滑的16～18号长针头，50mL、100mL的注射器或注药瓶（见图27-7）。

图 27-7　注药瓶

2. 方法

（1）动物站立保定，挤尽乳汁，拭干后用70%酒精消毒乳头。

（2）以左手将乳头握于掌内，轻轻向下拉，右手持消毒的导乳管，自乳头口慢慢插入（见图27-8）。

图 27-8　乳房注射法——插入乳导管

（3）再以左手指把握乳头及乳导管，右手持注射器与导乳管结合（或将输液瓶的输液管与乳导管连接），然后慢慢进行注入。

（4）注完后，拔出导乳管或针头，以左手拇指和食指捏闭乳头口，右手按摩乳房，使药液扩散。

3. 注意事项

（1）注射前挤尽乳汁，注入后要充分按摩，注意期间不要挤乳。

（2）如果洗涤乳池，将洗涤药液注入后即可挤出，反复数次，直至挤出液透明为止，最后注入抗生素溶液。

（3）如果是进行乳房送风，可将导乳管或针头与乳房送风器（见图27-9）连接，也可将100mL注射器结合端垫两层灭菌纱布后与导乳管或针头连接。4个乳头分别充气，充气量以乳房的皮肤紧张、乳腺基部的边缘清楚变厚、轻叩乳房发出鼓音为标准。充气后，拔出导乳管或针头，立即用手指轻轻捻转乳头肌，并接系纱布条，防止空气溢出，经1h后解除。

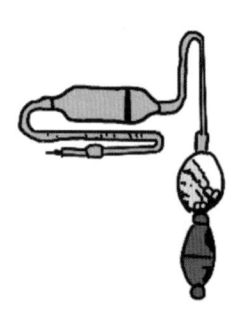

图 27-9　乳房送风器

（十二）后海穴注射

1. 应用

后海穴注射是指将药液通过注射器注入后海穴，以达到预防和治疗疾病的目的。后海穴注射适用于治疗各种原因引起的腹泻、消化不良、胎衣不下和骨软病等，适用于注射局麻药物进行直肠检查和后躯的一般外科手术，此外还适用于多种疫苗的接种。

2. 位置

后海穴又名交巢穴，位于肛门与尾根之间的凹陷处。

3. 方法

拉起动物尾巴，先后用碘酊和酒精局部消毒后，术者持连接注射器的针头在凹陷的中央顺脊柱方向平行刺入 1～5cm（视动物的种类和个体大小而定），注入药液，拔出针头用酒精棉球稍加按压即可。

4. 常用药物

治疗大肠杆菌病和沙门氏菌病等细菌性疾病时，可用庆大霉素、诺氟沙星、环丙沙星和恩诺沙星等药物；治疗传染性胃肠炎、流行性腹泻等病毒性疾病时，常用畜毒清、双黄连、利巴韦林等抗病毒药物；进行直肠检查和外科手术时，可用普鲁卡因等局麻药物；进行免疫接种时，可选用相应的疫苗。

5. 注意事项

（1）树立无菌观念：注射时对穴位所在部位进行严格消毒，防止感染。后海穴所在部位处于尾根和肛门之间的凹窝内，通常情况下都被粪便所污，若不进行严格消毒，很容易引起感染。

（2）认穴要准确：注射时要认准穴位，严格按照操作规程进行操作，插入的深度要适当。

（3）要积累丰富的药理学知识：穴位注射是一种中西医结合的治疗方法，穴位为"中医"，而药物通常为"西医"。为了达到应有的治疗目的，我们平时应多注意积累相关的药理学知识，注意药物的性能、药理作用、剂量、配伍禁忌、毒副作用和过敏反应等。凡不良反应大、刺激作用过强的药物使用时应严格控制剂量，还要注意防止不宜做静脉注射的药物误入血管内，葡萄糖尤其是高渗葡萄糖不要注入皮下，一定要注入深部等。

二、穿刺术

（一）喉囊穿刺

1. 应用

当喉囊内蓄积炎性渗出物，而发生咽下及呼吸困难时，应用本穿刺术排出炎性渗出物和洗涤喉囊进行治疗。

2. 准备

喉囊穿刺器或普通的套管针、注射针，外用消毒药等。

大型动物于柱栏内站立保定，头部用扁绳确实保定，呈自然下垂伸展至能采食地上草料为宜。并将头略偏绳结系于保定栏的前柱，另一助手与病畜头部取同一方向，用手固定病畜头部。必要时可行局部麻醉。

3. 部位

在第 1 颈椎横突中央向前 1 指宽处。

4. 方法

左手压住术部，右手持穿刺针垂直穿过皮肤后，针尖转向对侧外眼角的方向缓慢进针。当针通过肌肉时稍有抵抗感，达喉囊后抵抗立即消减，拔出套管内针芯，然后连接洗涤器送入空气，如空气自鼻孔逆出而发生特有的音响时，则除去洗涤器，再连接注射器，吸出喉囊内的炎性渗出物或脓液。以治疗为目的，可在排脓冲洗后，注入治疗药液，如 0.1% 乳酸依沙吖啶溶液等。喉囊洗涤后，再注入汞溴红溶液，经喉囊自鼻孔流出后，拔去套管，术后局部涂 5% 碘酊消毒，再用碘仿火棉胶封闭穿刺孔。

5. 注意事项

（1）病畜头部须确实保定，并使其充分垂向前下方，以防误咽药物、脓液入胃内或气管内。

（2）在穿刺过程中，须防止损伤腮腺，如有出血时，可提高头部；若大量出血，可静脉注射氯化钙及其他止血剂。

（二）心包腔穿刺

1. 应用

应用于排除心包腔内的渗出液或脓液，并进行冲洗和治疗，或采取心包液供鉴别诊断。主要用于牛的创伤性心包炎。

2. 准备

用带乳胶管的 16～18 号长针头，及小动物用的一般注射针头。动物站立保定，中、小型动物右侧卧保定，使左前肢向前伸半步，充分暴露心区。

3. 部位

牛于左侧第 6 肋骨前缘，在肘突水平线上为穿刺部位（见图 27-10）。

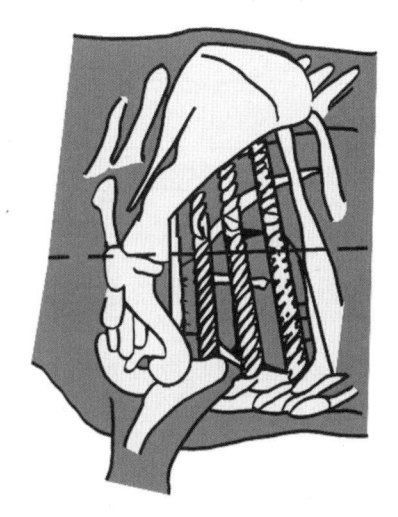

图 27-10　牛的心包穿刺位置示意

4. 方法

左手将术部皮肤稍向前移动，右手持针头沿肋骨前缘垂直刺入 2～4cm，然后连接注射器边进针边抽吸，直至抽出心包液为止。如为脓液需冲洗时，可注入防腐剂，反复洗净为止。术后拔出针头，严密消毒。

5. 注意事项

（1）操作要细致认真，防止粗暴，否则易造成病畜死亡。

（2）必要时可进行全身麻醉，确保安全。

（3）进针时，要防止针头晃动或过深而刺穿心脏。

（4）为防止发生气胸，应将附在针头的胶管折曲压紧，闭合管腔。

（三）骨髓穿刺

1. 应用

采取骨髓液用于焦虫病、锥虫病、马传染性贫血及白血病等的诊断。有时用于骨髓的骨髓细胞学、生化学的研究和诊断。

2. 准备

骨髓穿刺针或带芯的普通针头、注射器等（见图 27-11）。

3. 部位

马是由鬐甲顶点向胸骨引一垂线，与胸骨中央隆起线相交，在交点侧方 1cm 处的

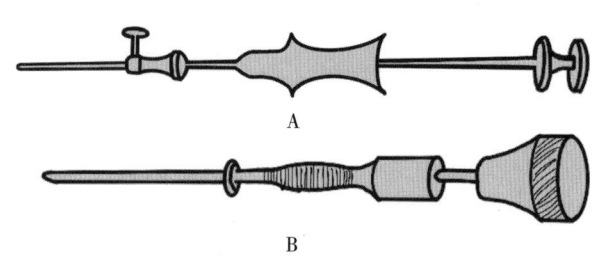

图 27-11　大型动物（A）和小型动物（B）骨髓穿刺器

胸骨上（左、右侧均可）。牛是由第 3 肋骨后缘向下引一垂线，与胸骨正中线相交，在交点前方 1.5～2cm。

4. 方法

左手确定术部，右手将针微向内上方倾斜。穿透皮肤及胸肌，抵于骨面时须用力向骨内刺入。成年马、牛约刺入 1cm，幼畜约 0.5cm，当针尖阻力变小，即为刺入骨髓。这时可拔出针芯，接上注射器，徐徐吸引，即可抽出骨髓液。穿刺完毕，插入针芯，拔出穿刺针，术部严密消毒，涂碘仿火棉胶封闭穿刺孔。

5. 注意事项

（1）骨髓穿刺时，如针有强力抵抗不易刺入，或已刺入而无骨髓液吸出时，可改换位置重新穿刺。

（2）本手术常因手术错误，而误刺入胸腔内损伤心脏，故需要特别谨慎。

（3）骨髓液比较富有脂肪，不能均匀涂于载玻片上，而血液则相反。

（四）胸腔穿刺

1. 应用

主要用于排出胸腔的积液、血液，或洗涤胸腔及注入药液进行治疗。也可用于检查胸腔有无积液，并采取胸腔积液，从而鉴别其性质，有助于诊断。

2. 准备

套管针或 16～10 号长针头；胸腔洗涤剂，如 0.1% 乳酸依沙吖啶溶液、0.1% 高锰酸钾溶液、生理盐水（加热至体温程度）等；还需用输液瓶。

3. 部位

牛、羊、马在右侧第 6 肋间，左侧第 7 肋间，猪、犬在右侧第 7 肋间。具体位置在与肩关节引水平线相交点的下方 2～3cm 处，胸外静脉上方约 2cm 处。

4. 方法

左手将术部皮肤稍向上方移动 1～2cm，右手持套管针用指头控制 3～5cm 处，在靠近肋骨前缘垂直刺入。穿刺肋间肌时有阻力感，当阻力消失而有空虚时，表明已刺入胸腔内，左手把持套管，右手拔去内针，即可流出积液或血液，放液时不宜过急，应用拇指不断堵住套管口，间断地放出积液，预防胸腔减压过急，影响心肺功能。如针孔堵塞不流时，可用内针疏通，直至放完为止。

有时放完积液后，需要洗涤胸腔时，可将装有消毒药的输液瓶的橡胶管或注射器连接在套管口上（或注射针），高举输液瓶，药液即可流入胸腔，然后将其放出。如此反复冲洗 2～3 次，最后注入治疗性药物。操作完毕，插入内针，拔出套管针（或针头），使局部皮肤复位，术部涂 5% 碘酊消毒，以碘仿火棉胶封闭穿刺孔。

5. 注意事项

（1）穿刺或排液过程中，应注意防止空气进入胸腔内。

（2）排出积液和注入洗涤剂时应缓慢进行，同时注意观察染病畜有无异常表现。

（3）穿刺时须注意防止损伤肋间血管与神经。

（4）刺入时，应以手指控制套管针的刺入深度，以防过深刺伤心肺。

（5）穿刺过程遇有出血时，应充分止血，改变位置再行穿刺。

（五）腹腔穿刺

1. 应用

用于排出腹腔的积液和洗涤腹腔，注入药液进行治疗；或采取腹腔积液，以助于胃肠破裂、肠变位、内脏出血、腹膜炎等疾病的鉴别诊断。

2. 准备

同胸腔穿刺。

3. 部位

牛、羊在脐与膝关节连线的中点；马在剑状软骨突起后 10～15cm，白线两侧 2～3cm 处为穿刺点；犬在脐至耻骨前缘的连线上中央，白线旁两侧。

4. 方法

术者蹲下，左手稍移动病畜皮肤，右手控制套管针（或针头）的深度，由下向上垂直刺入 3～4cm。其余的操作方法同胸腔穿刺。

当洗涤腹腔时，马属动物在左侧肷窝中央，牛、鹿在右侧肷窝中央，小型动物在肷窝或两侧后腹部。右手持针头垂直刺入腹腔，连接输液瓶胶管或注射器，注入药液，再由穿刺部排出，如此反复冲洗 2～3 次。

5. 注意事项

（1）刺入深度不宜过深，以防刺伤肠管。

（2）穿刺位置应准确，保定要安全。

（3）其他参照胸腔穿刺的注意事项。

（六）瘤胃穿刺

1. 应用

用于瘤胃急性臌气时的急救排气和向瘤胃内注入药液。

2. 准备

大套管针（见图 27-12）或盐水针头，羊可用一般静脉注射针头。若是牛还需要外科刀及缝合器材等。

图 27-12 套管针

3. 部位

在左侧肷窝部，由髋结节向最后肋骨所引水平线的中点，距腰椎横突 10～12cm 处，也可选在瘤胃隆起最高点穿刺（见图 27-13）。

4. 方法

先在穿刺点旁 1cm 做一小的皮肤切口（牛有时也可不切口，羊一般不切），术者再

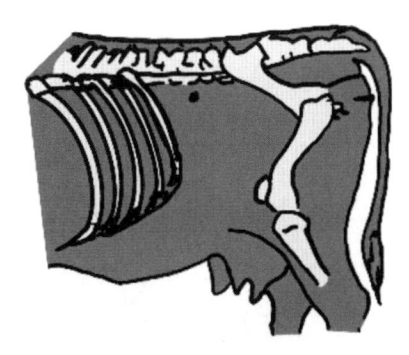

图 27-13　牛的瘤胃穿刺部位

以左手将皮肤切口移向穿刺点，右手持套管针将针尖置于皮肤切口内，向对侧肘头方向迅速刺入 10～12cm，左手固定套管，拔出内针，用手指不断堵住管口，间歇放气，使瘤胃内的气体间断排出。若套管堵塞，可插入内针疏通。气体排出后，为防止复发，可经套管向瘤胃内注入制酵剂，如牛可注入 1%～2.5% 福尔马林溶液 300～500mL，或 5% 克辽林溶液 200mL，或乳酸、松节油 20～30mL 等。注完药液插入内针，同时用力压住皮肤切口，拔出套管针，消毒创口，对皮肤切口行 1 针结节缝合，涂 5% 碘酊消毒，以碘仿火棉胶封闭穿刺孔。在紧急情况下，无套管针或盐水针头时，可就地取材（如竹管、鹅翎或静脉注射针头等）进行穿刺，以挽救病畜生命，然后再采取抗感染措施。

5. 注意事项

（1）放气速度不宜过快，防止发生急性脑贫血，造成虚脱。同时注意观察病畜的表现。

（2）根据病情，为了防止臌气继续发展，避免重复穿刺，可将套管针固定，留置一定时间后再拔出。

（3）穿刺和放气时，应注意防止针孔局部感染。因放气后期往往伴有泡沫样内容物流出，污染套管口周围并易流进腹腔而继发腹膜炎。

（4）经套管注入药液时，注药前一定要确切判定套管仍在瘤胃内后，方能注入。

（七）肠穿刺

1. 应用

常用于盲肠或结肠内积气的紧急排气治疗，也可用于向肠腔内注入药液。

2. 准备

盲肠穿刺同瘤胃穿刺，结肠穿刺时宜用较细的套管针。

3. 部位

（1）马盲肠穿刺部位在右侧肷窝的中心，即距腰椎横突约1掌处；或选在肷窝最明显的突起点（见图27-14）。

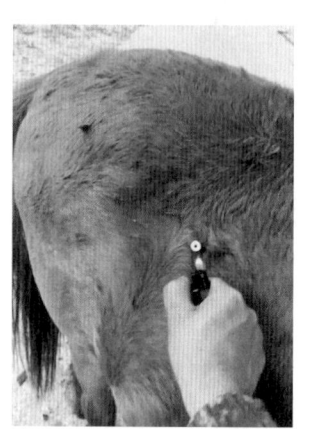

图27-14 马的盲肠穿刺部位

（2）马结肠穿刺部位在左侧腹部膨胀最明显处。

4. 方法

操作要领同瘤胃穿刺。盲肠穿刺时，可向对侧肘头方向刺入6～10cm；结肠穿刺时，可向腹壁垂直刺入3～4cm，其他按瘤胃穿刺要领进行。

5. 注意事项

参照瘤胃穿刺。

（八）膀胱穿刺

1. 应用

当尿道完全阻塞发生尿闭时，为防止膀胱破裂或尿中毒，进行膀胱穿刺排出膀胱内的尿液，进行急救治疗。

2. 准备

需用连有长橡胶管的针头；大型动物站立保定，中、小型动物侧卧保定；并须进行灌肠排除积粪。

3. 部位

大型动物可通过直肠穿刺膀胱；中、小型动物在后腹部耻骨前缘，触摸有膨满弹性感，即为术部。

4. 方法

（1）大型动物施术法：术者将连有长橡胶管的针头握于手掌中，手呈锥形缓缓伸入直肠，首先确认膀胱位置，在膀胱充满的最高处，将针头向前下方刺入。然后，固定好针头，尿液即可经橡胶管排出。直至尿液排完后，再将针头拔出，同样握于掌中，带出肛门。

如需洗涤膀胱时，可经橡胶管另端注入防腐剂或抗生素水溶液，然后再排出，直至排出的液体呈透明状为止。

（2）中、小型动物施术法：侧卧保定，将左或右后肢向后牵引转位，充分暴露术部，于耻骨前缘触摸膨满波动最明显处，左手压迫，右手持针头向后下方刺入，并固定好针头，待排完尿液，拔出针头。术部消毒，涂火棉胶。

5. 注意事项

（1）经直肠穿刺膀胱时，应提前进行充分灌肠排出宿粪。

（2）针刺入膀胱后，应握住针头，防止滑脱。

（3）若进行多次穿刺时，易引起腹膜炎和膀胱炎，宜慎重。

（4）大型动物努责严重时，不能强行从直肠内进行膀胱穿刺。必要时给以镇静剂后再行穿刺。

（九）关节腔穿刺

1. 应用

关节腔穿刺用于诊断和治疗关节疾病，如排除积液、注入药液或冲洗关节腔等。

2. 部位

常用于穿刺的关节有球关节、腕关节、跗关节等。

3. 方法

病畜站立或横卧保定，术部剪毛、消毒。以球关节穿刺为例，在掌骨、系韧带和近籽骨上缘所形成的凹陷内，针头与掌骨侧面成45°，由上向下刺入3～4cm，完毕后拔出针头，局部用5%碘酊消毒。

思考题

（1）在临床诊疗中，如何合理选用皮下注射、肌内注射和静脉注射？

（2）穿刺有什么作用？

实验二十八 灌洗器具的使用

实验目的及要求

（1）掌握常用的灌洗技术及其注意事项。

（2）了解灌洗术的应用范围。

实验动物

牛、羊、驴或马若干。

实验器材

保定绳、胃管、导尿管、灌肠器、橡胶灌药瓶、开口器、子宫冲洗器、冲洗器、开腔器、颈管钳子、颈管扩张棒、洗涤器及橡胶管、消毒液及各种冲洗药液。

实验内容

一、洗眼法与点眼法

1. 应用

主要用于各种眼病，特别是结膜与角膜炎症的治疗。

2. 准备

（1）洗眼用器械：冲洗器、洗眼瓶、带胶帽吸管等，也可用 20mL 注射器代用。洗眼药通常用 2%～4% 硼酸溶液、0.01%～0.03% 高锰酸钾溶液、0.1% 乳酸依沙吖啶溶液及生理盐水等。

（2）常备点眼药：0.5% 硫酸锌溶液、3.5% 盐酸可卡因溶液、0.5% 阿托品溶液、

0.1% 盐酸肾上腺素溶液、0.5% 锥虫黄甘油、2%～4% 硼酸溶液、1%～3% 蛋白银溶液等。还有抗生素配制的点眼药，或抗生素眼膏和其他药物配制的眼膏（2%～3% 黄降汞眼膏、2%～3% 氧化氨基汞眼膏、10% 敌百虫眼膏）等。

3. 方法

将动物于柱栏内站立保定，先确实固定头部，用一手拇指与食指翻开上眼睑，另手持冲洗器（洗眼瓶、注射器等），使其前端斜向内眼角，徐徐向结膜上灌药液冲洗眼内分泌物。或用细胶管由鼻孔插入鼻泪管内，从胶管游离端注入洗眼药液，更有利于洗去眼内的分泌物和异物。如冲洗不彻底时，可用硼酸棉球轻拭结膜囊。洗净之后，左手食指向上推上眼睑，以拇指与中指捏住下眼睑缘向外下方牵引，使下眼睑呈一囊状，右手拿点眼药瓶，靠在外眼角眶上，斜向内眼角，将药液滴入眼内，闭合眼睑，用手轻轻按摩1～2下，以防药液流出，并促进药液在眼内扩散。如用眼膏时，可用玻璃棒一端蘸眼膏，横放在上下眼睑之间，闭合眼睑，抽去玻璃棒，眼膏即可留在眼内。用手轻轻按摩1～2下，以防流出。或直接将眼膏挤入结膜囊内。

4. 注意事项

（1）操作中防止动物骚动，点药瓶或洗眼器与病眼不能接触。与眼球不能成垂直方向，以防感染和损伤角膜。

（2）点眼药或眼膏应准确点入眼内，防止流出。

二、鼻腔的冲洗

1. 应用

主要用于鼻炎，特别是慢性鼻炎的治疗。

2. 准备

将大型动物于柱栏内站立保定，使病畜头部下垂确实固定。中、小型动物侧卧保定，使其头部处于低位。大型动物用橡胶管连接漏斗或注射器连接橡胶管。中、小型动物可用吸管。冲洗剂选择具有杀菌、消毒、收敛等作用的药物。一般常用生理盐水、2% 硼酸溶液、0.1% 高锰酸钾溶液及 0.1% 乳酸依沙吖啶溶液等。

3. 方法

一手固定鼻翼，另一手持漏斗（或注射器）连接的橡胶管，插入病畜鼻腔20cm左右，缓慢注入药液，冲洗数次。

4. 注意事项

（1）冲洗时须使病畜头部低下，确实固定。不要加压冲洗，以防误咽。

（2）禁用强刺激性或腐蚀性的药液冲洗。

三、窦腔的冲洗

1. 应用

主要用于额窦炎及上下颌窦炎圆锯术的治疗性冲洗。

2. 准备

同鼻腔的冲洗。冲洗剂还可应用抗生素或磺胺类药物水溶液。

3. 方法

将冲洗器胶管或水管放入圆锯孔内，缓慢注入药液，由病畜鼻孔流出，反复冲洗，洗净窦内分泌物。

4. 注意事项

同鼻腔的冲洗。

四、尿道及膀胱的冲洗

1. 应用

主要用于尿道炎及膀胱炎的治疗。目的是排除炎性渗出物，促进炎症的治愈。也可用于导尿或采取尿液供化验诊断。

本法母畜操作容易，公畜只能用于马。

2. 准备

根据动物种类备用不同类型的导尿管，用前将导尿管放在0.1%高锰酸钾溶液或温水中浸泡5～10min，前端蘸液状石蜡，冲洗药液宜选择刺激或腐蚀性小的消毒、收敛剂，常用的有生理盐水、2%硼酸、0.1%～0.5%高锰酸钾、1%～2%石炭酸、

0.2%～0.5%单宁酸、0.1%～0.2%乳酸依沙吖啶等溶液，也常用抗生素及硝铵制剂的溶液（冲洗药液要与体温相等）。注射器与洗涤器，术者手部与病畜外阴部及公畜阴茎、尿道口要清洗消毒。

3. 方法

助手将畜尾拉向一侧或吊起，术者将导尿管握于掌心，前端与食指同长，呈圆锥形伸入阴道（大型动物15～20cm），先用手指触摸尿道口，轻轻刺激或扩张尿道口，伺机插入导尿管，徐徐推进，当进入膀胱后，导尿管另端连接洗涤器或注射器，注入冲洗药液，反复冲洗，直至排出药液呈透明状为止。当识别尿道口有困难时，可用开膣器开张阴道，即可看到尿道口。

给公马冲洗膀胱时，先于柱栏内固定好两后肢，术者蹲于马的一侧，将阴茎拉出，左手握住阴茎前部，右手持导尿管，插入尿口徐徐推进，当到达坐骨弓附近则有阻力，推进困难，此时助手在肛门下方可触摸到导尿管前端，轻轻按压辅助向上转弯，术者与此同时继续推送导尿管，即可进入膀胱（见图28-1）。冲洗方法与母畜相同。

4. 注意事项

（1）插入导尿管时前端宜涂润滑剂，以防损伤尿道黏膜。

（2）防止粗暴操作，以免损伤尿道及膀胱壁。

（3）公马冲洗膀胱时，要注意人畜安全。

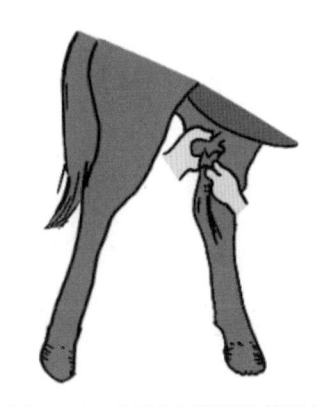

图28-1　公马的尿道导尿管插入

五、阴道及子宫的冲洗

1. 应用

阴道冲洗主要为了排出炎性分泌物，用于阴道炎的治疗。子宫冲洗用于治疗子宫内膜炎，排出子宫内的分泌物及脓液，促进黏膜修复，尽快恢复生殖功能。

2. 准备

根据动物种类准备无菌的各型开膣器、颈管钳子、颈管扩张棒、子宫冲洗管、洗涤器及橡胶管等。冲洗药液有微温生理盐水、5%～10%葡萄糖、1%乳酸依沙吖啶溶液及 0.1% ～ 0.5% 高锰酸钾等溶液，还可用抗生素及磺胺类制剂。

3. 方法

先充分洗净病畜外阴部，而后插入开膣器开张阴道，即可用洗涤器冲洗阴道。如冲洗子宫时，先用颈管钳子钳住子宫外口左侧下壁，拉向阴唇附近。然后依次应用由细到粗的颈管扩张棒，插入颈管使之扩张，再插入子宫冲洗管。通过直肠检查确认冲洗管已插入子宫角内之后，用手固定好颈管钳子与冲洗管。然后将洗涤器的胶管连接在冲洗管上，可将药液注入子宫内，边注入边排出（另侧子宫角也同样冲洗），直至排出液透明为止。

4. 注意事项

（1）操作过程要认真，防止粗暴，特别是在冲洗管插入子宫内时。须谨慎预防子宫壁穿孔。

（2）不得应用强刺激性或腐蚀性的药液冲洗。量不宜过大，一般 500 ～ 1000mL 即可。

六、灌肠

1. 应用

通过药液的吸收、洗肠和排除积粪，可用于治疗肠炎、胃肠炎、胃卡他和大肠便秘等疾病，也可排除肠内异物，或给动物补充营养物质。有时也可灌入镇静剂及造影剂做 X 光检查。

2. 方法

（1）动物站立保定，中、小型动物也可侧卧保定。若直肠内有宿粪时，应通过直检或指检人工排除宿粪。肛门周围用温水洗干净。

（2）灌肠的一般方法是助手将尾巴拉起并偏向一侧，灌肠者将微温的灌肠液或药液盛于漏斗（或吊桶）内，一手捏紧胶管，吊挂在适当高处，另一手将胶管涂上液体石蜡，然后缓慢插入肛门至直肠深部。松开捏紧胶管的手，液体即可慢慢注入直肠，边流边向漏斗内倾加液体，并随时用手指刺激肛门周围，使肛门紧缩，防止注入液体流出。灌完后拉出胶管。

中、小型动物除用小动物灌肠器之外，还可用输液瓶和输液管进行灌肠，方法基本同上。

3. 注意事项

（1）灌肠时，采用木质或球胆塞肠器插入肛门或直肠内，以固定胶管，防止液体外漏。若不用塞肠器时，可将胶管直接插入肠内，用手把胶管和肛门一起捏住，也可防止液体漏出。

（2）若排泄反射强烈时，为使肛门和直肠弛缓，在插管前可用2%普鲁卡因溶液10～20mL进行后海穴注射封闭。

（3）治疗大肠便秘时，灌注后不要立即流出，一段时间后让其排出，必要时相隔30～60min后再次灌肠。

（4）灌注量不宜过多，防止肠腔过度紧张使肠壁损伤。在灌肠时应细心操作，防止肠壁损伤，引起出血和穿孔。

（5）灌入的液体应加温到与体温相近。

思考题

灌肠在临床上有哪些具体的应用？

实验二十九　动物尿液分析仪的使用

实验目的及要求

掌握动物尿液分析仪的使用方法,为临床检验打好基础。

实验器材

迈瑞动物医疗(UA60V)动物尿液分析仪(见图 29-1)。

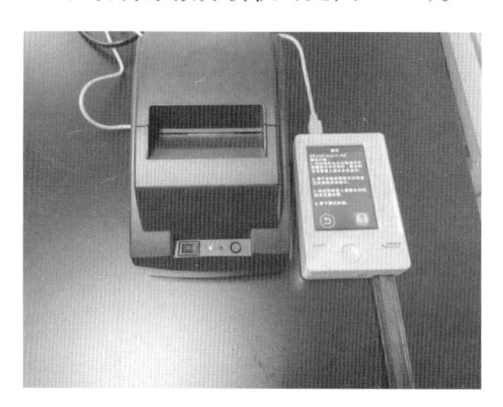

图 29-1　动物尿液分析仪

实验内容

一、自动尿检仪的使用

(1)打开动物尿液分析仪电源开关,屏幕显示总界面(见图 29-2)。

(2)从盛放尿检仪试纸条的瓶子中取出试纸条后,拧紧瓶盖。将试纸条放进尿液中(见图 29-3)。

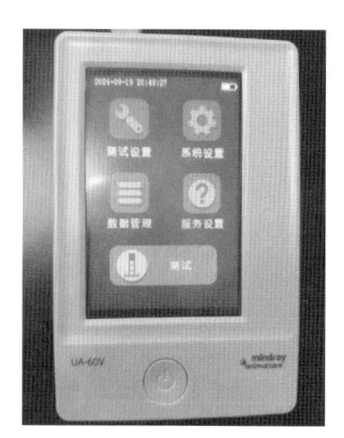

图 29-2　打开动物尿液分析仪

（3）取出浸透了尿液的试纸条，平放在纸巾上，除去多余的尿液（见图29-4）。

（4）选择测试指标后（见图29-5），将试纸条放入动物尿液分析仪中，仪器将自动分析结果（见图29-6）。

（5）打印结果（见图29-7），检测板弹出，此时若发现检测板有残余的尿样，点击清洗界面（见图29-8），然后再检测下一个尿样。

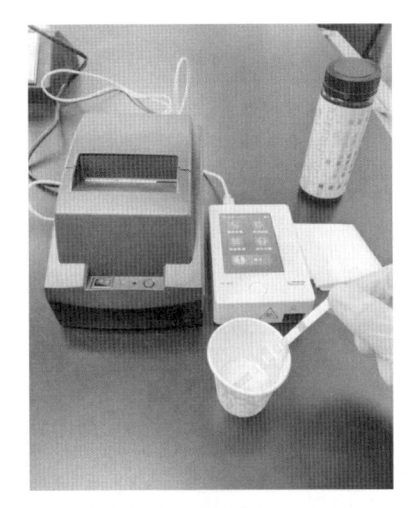

图29-3　试纸条浸尿过程

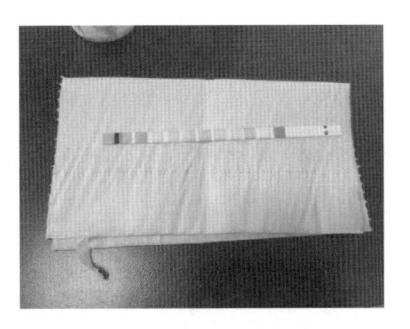

图29-4　吸取多余尿液

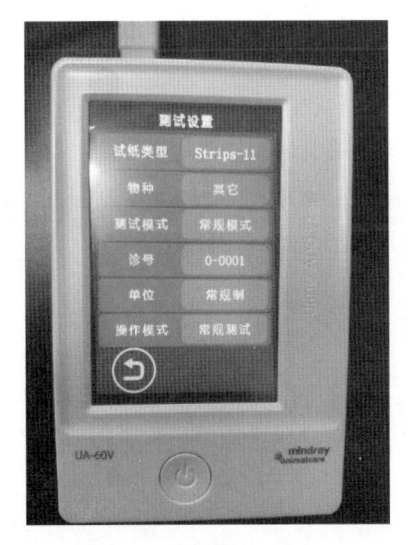

图29-5　选择测试指标

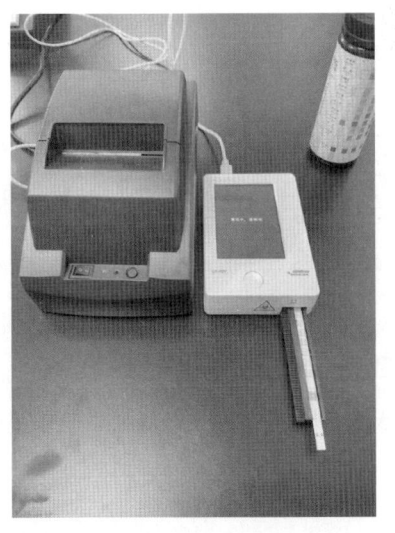

图29-6　将试纸条放入测试板中进行检测

图29-7　打印结果　　　　　　　图29-8　清洗界面

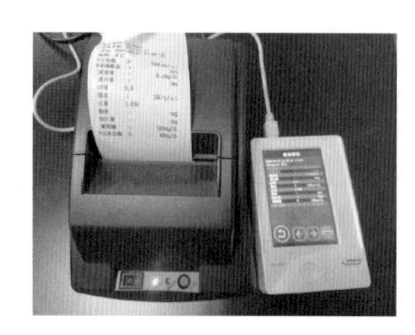

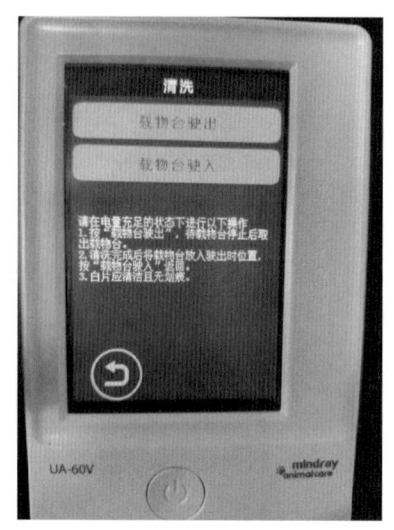

二、尿检仪分析结果中各项指标的英文缩写及中文意义

GLU——尿糖　　　　BIL——尿胆红素　　KET——尿酮体　　SG——尿比重
BLO——尿潜血　　　pH——尿液酸碱度　　PRO——尿蛋白　　URO——尿胆原
NIT——尿亚硝酸盐　LEU——白细胞

三、注意事项

（1）收集送检尿液样本时，最好采取新鲜晨尿，尿检阳性率较高。

（2）收集的尿液要及时送检，放置过久易发生变化，还易被污染，影响化验结果。

（3）每次检测一个样本在取出试纸条后，必须及时清理检测槽内残余的尿样。

思考题

动物尿液分析仪如何使用，结果怎么分析？有何临床意义？

实验三十　尿比重计和折射仪的使用

实验目的及要求

掌握尿比重计、折射仪的使用方法，为临床尿液比重的检查打下基础。

实验器材

尿比重计、量筒、温度计、折射仪、吸管、吸水纸、擦镜纸。

实验内容

一、尿比重计的使用

（1）观察尿比重计的标准温度。

（2）用温度计测量被检尿样的温度。

（3）充分混匀尿液后，将尿液沿管壁缓慢倒入大小适当、清洁干净的量筒内，如有气泡，可用吸管或吸水纸吸去。将比重计沉入尿液中，使其悬浮于中央，勿触及筒壁或筒底；1～2min后，待比重计稳定，读取尿液凹面的刻度，即为尿液的比重。

二、折射仪的使用方法

将尿样2～3滴置于棱镜的表面（见图30-1A），盖上盖子，如图30-1B所示，对着光源，读出测定值。

注意事项：

（1）测量后，用擦镜纸擦去棱镜表面的样本，如有油脂污染，可用异丙醇以及水清洁。

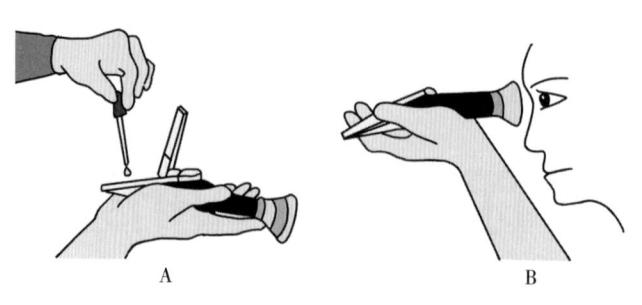

图 30-1 折射仪的使用

（2）不使用时，请将仪器置于包装盒内，室温储存，不能置于阳光下暴晒或潮湿环境中。勿猛烈撞击或振动。

三、测定尿比重的注意事项

（1）在测定时，如尿液量不足，可用蒸馏水将尿液稀释数倍，然后将测得的尿比重的最后两位数字乘以稀释倍数，即得原尿的比重。

（2）在测定时，要注意比重计上标定的温度。常用比重计上标定的是15℃，故应当在15℃的条件测定尿液的比重。若待测尿液的温度每高（低）3℃，应于测定的数值中加（减）0.001。若比重计上标定的是20℃，也应用同法进行结果修正。

（3）比重计的校正：新购置的比重计应用前应在规定的温度下观察纯水比重是否准确。蒸馏水在15.5℃时应为1.000；8.5g/L氯化钠溶液在15.5℃时为1.006；50g/L氯化钠溶液在15.5℃时为1.035。

（4）尿内容物对测定结果的影响：尿内含糖、蛋白质时，可增加尿液比重；尿液所含盐类析出时，比重下降，应待盐类溶解后测定；尿素分解后，尿比重下降；合成洗涤剂可使水表面张力降低，比重随之降低；尿液含造影剂时，可使比重大于1.050。

（5）对于少尿的动物，可以用尿折射仪测定尿液比重。此方法简单，而且精密度较比重计高。

思考题

尿比重计、折射仪如何使用，结果怎么分析？有何临床意义？

实验三十一　尿液的常规检查（一）

实验目的及要求

（1）要求掌握尿液的颜色、透明度和比重的检查方法。掌握尿沉渣标本的制作，学会识别尿中红细胞、白细胞、各种上皮细胞、多种尿圆柱以及一些无机盐结晶的形态。

（2）结合课堂讲授内容，理解各项检查的临床意义。

实验器材

尿比重计、折射仪、显微镜、离心管、玻璃烧杯、离心管、滴管、载玻片、盖玻片、温度计、1%稀碘溶液或0.1%美蓝溶液。

实验内容

一、尿液的物理学检查

1. 尿液颜色的检查

将尿液装于无色的玻璃容器中，在白色的背景和天然光线下检查。一般健康牛尿液呈淡的稻草黄色，猪尿液几乎为无色水样，马尿液呈黄色稍暗。尿中有血液，尿呈淡红色、褐色或暗褐色，见于牛尿道结石、猪膀胱结石、梨形虫病、锥虫病。尿液变为黄色、棕黄色，见于尿液浓缩、脱水性疾病、热性病等。

报告用无色、淡黄、深黄、红色、污红色来描述。

2. 尿液透明度的检查

把尿液盛于烧杯中，透光检查，除马属动物的尿因含有碳酸钙及不溶性的磷酸盐和黏液素，显黏稠而浑浊外，其他家畜正常的新鲜尿液均为透明。如马尿变清，多呈酸性，见于发热、饥饿、骨软症；牛尿变浑，说明尿里含有有机和无机沉渣，特别是母牛尿路感染可能性大；母猪排尿的最后部分尿液显浑浊、乳白，见于肾虫病。

报告用清、微浑、浑浊来描述。

3. 尿比重的测定

（1）比重计法：使用实验三十尿比重法的操作方法进行实验。

（2）折射仪检查：按照实验三十折射仪的使用方法进行检查。

（3）正常值：牛 1.015～1.050，猪 1.016～1.022，马 1.025～1.055，羊 1.015～1.070。

（4）临床意义：尿比重增高多见于发热性疾病、便秘、渗出性疾病的渗出期、大出汗、腹泻等。尿比重降低见于慢性间质性肾炎、肾盂肾炎、服用利尿剂之后等。

4. 尿液气味的检查

健康家畜的尿液有一定尿臭味，一般尿液越浓，尿臭味越强烈，尿液越稀薄，其臭味越不易嗅到。在病理情况下，可能出现其特殊的气味，如牛酮血病时，尿液呈丙酮味；膀胱有炎症时尿呈强烈的氨臭味；若尿路有腐败化脓病变时，尿液呈腐败臭。

二、尿沉渣的显微镜检查

（一）尿沉渣标本的制作

取新鲜尿液于离心管中，用离心机以 1000r/min，离心 5～10min，弃去上清液，吸取底部沉渣一小滴，置于载玻片上立即覆盖玻片供镜检。一般直接观察，若需染色时，可于盖玻片边缘，轻轻滴一小滴 0.1% 美蓝溶液或 1% 稀碘溶液。

（二）显微镜检查

1. 检查方法

先用低倍镜观察，降低聚光器，缩小光圈，使视野稍暗，便于发现无色而屈光力弱的成分（如透明管型等）。然后换高倍镜，检查细胞或管型。

2. 检查内容

尿沉渣的主要成分有两类，即无机沉渣和有机沉渣。

无机沉渣是各种盐类结晶，在正常马尿中含量极大，其他动物如出现大量的无机沉渣，应视为病理状态。牛和猪的尿中无机沉渣极少。当患膀胱炎、肾盂肾炎时，由于氨发酵可出现磷酸铵镁和尿酸铵结晶。

尿沉渣检查中，意义比较大的是有机沉渣，包括红细胞、白细胞、各种上皮细胞、管型等。

（1）红细胞

形态：红细胞的形态与尿液的放置时间、浓度和酸碱度有关。在新鲜尿液中的红细胞，呈圆形，淡黄褐色，比白细胞稍小。在碱性及稀薄尿液中的红细胞呈膨胀状态。在酸性及浓缩尿液中的红细胞，其边缘多皱缩，呈锯齿状。在放置过久的尿中，红细胞往往被破坏，常只显阴影，被称为影细胞。

临床意义：健康家畜尿中无红细胞，发现一定量红细胞时提示泌尿器官的出血性疾病。

（2）白细胞

形态：尿液内的白细胞主要为嗜中性分叶核粒细胞，其形态整齐。核清晰可见，略大于红细胞。在新鲜较酸性尿中，其形态尚可保持正常。在较强酸性尿中，白细胞常呈皱缩现象，边缘不规则。在碱性尿中的白细胞常肿胀而不清，胞浆内颗粒成堆。若白细胞聚积成堆，结构模糊，富含颗粒，则称为脓细胞。

临床意义：正常时尿中白细胞仅个别出现，无脓细胞。当泌尿器官有炎症时，尿中出现大量白细胞，有脓细胞。

（3）上皮细胞

分类：按形态可分为鳞状上皮（扁平上皮）、尾状上皮以及大、小圆上皮。按来源分又可分为肾上皮、尿路上皮、膀胱上皮。

1）肾上皮细胞：呈圆形或多边形，大小近似白细胞或比白细胞大 1/3，含有一个大而圆形的核，胞浆内含小颗粒。

临床意义：肾上皮细胞主要来自肾小管。正常尿液中可能有少量出现，当患肾小球肾炎时可大量出现。

2）尿路上皮：尿路上皮比白细胞大 2～4 倍，形态不一，可呈梨形、菱形或带尾形，常有一圆形或椭圆形的核。

临床意义：尿路上皮细胞来自肾盂、输尿管及膀胱颈部，这些细胞大量出现时，表示尿路黏膜的炎症比较严重。

3）膀胱上皮：表层为大而扁平，中层为纺锤形，深层为圆形的细胞含有小而明显的圆形或椭圆形的核。

临床意义：此细胞来自膀胱、尿道浅层。大量出现为膀胱或尿道黏膜的表层有炎症。

（4）管型（尿圆柱）

当肾脏发生病灶时，经肾小球滤出的蛋白质于肾小管内变性凝固或由蛋白质与某些细胞成分相黏合而形成的管状物，称为管型或尿圆柱，其特征为直或微弯的圆柱状，粗细、长短不一，两边基本平行、两头多钝圆，也偶有裂开状。

根据管型的构造不同，分为透明管型、上皮管型、红细胞管型、白细胞管型、颗粒管型。

结果报告：采取10个或20个高倍镜视野的平均值报告，如红细胞，10个视野看到50个，就写成红细胞5/HP；肾上皮，10个视野看到7个，就写成肾上皮细胞0.7/HP；透明圆柱，10个视野看到1个，就写成透明圆柱0.1/HP。

思考题

尿中的有机沉渣有哪些？有何临床意义？

实验三十二 尿液的常规检查（二）

实验目的及要求

掌握常用的几种尿化学检查的方法及临床意义。

实验器材

广泛pH试纸、小试管、载玻片、试管夹、酒精灯、白瓷凹滴板、电子天平（0.1g）。

蒸馏水、35%硝酸、10%醋酸、3%过氧化氢（新配制）、5%硝普钠、冰醋酸、浓氨水、10%氯化高铁溶液。

20%磺柳酸：磺柳酸20g，加蒸馏水至100mL，储存于棕色瓶中备用。

1%邻甲联苯胺（显色剂）：邻甲联苯胺1g，溶于冰醋酸及无水乙醇各50mL。

班氏试剂：结晶硫酸铜17.3g，枸橼酸钠173.0g，无水碳酸钠100.0g，蒸馏水加至1000.0mL。先将枸橼酸钠及无水碳酸钠溶解于700mL蒸馏水中，可加热促其溶解。另将硫酸铜溶解在100mL蒸馏水中，然后将硫酸铜溶液慢慢倾入已冷却的上液内，并加蒸馏水至1000.0mL，过滤保存在褐色瓶内备用。

酮粉：硝普钠1.0g，干燥硫酸铵20.0g，无水碳酸钠20.0g。将上药分别研细，充分混合、干燥后保存。此试剂不宜配制过多，仅在一两个月内有效，如发现潮湿及变黄时应弃去不用。

尿胆原醛试剂：对位二甲氨基苯甲醛2g，浓盐酸（A、B）20mL，蒸馏水80mL，混合后储存于棕褐色瓶中。

稀碘液：碘1g，碘化钾2g，蒸馏水300mL。配制时，先用蒸馏水2mL，将碘化钾溶解，然后再加入碘片，用力摇匀，使碘溶解在浓碘化钾溶液中；待碘完全溶解后，再将蒸馏水加至定量，配好后置棕色磨口瓶中储存。

实验内容

一、尿液酸碱度的测定

兽医临床上普遍采用广泛 pH 试纸测定法。取一条广泛 pH 试纸，浸入待检尿中，半秒钟后取出与标准色板比较，即得尿液 pH。

正常家畜的尿液，草食动物多偏碱，肉食动物多偏酸，杂食动物近中性。

健康家畜的尿液的 pH 为：马 7.2～7.6，牛 7.7～8.7，山羊 8.0～8.5，猪 6.5～7.8。草食动物的尿液呈酸性为病理现象，见于热性病、骨软症。若尿液碱性增高，见于膀胱炎。

二、尿液蛋白质的检验

（一）硝酸试法

1. 原理

尿中蛋白质遇到强酸发生凝固。

2. 操作方法

取一支小试管，先加 1mL 35% 硝酸，随后沿倾斜的试管壁缓慢滴加尿液，使两液重叠，静置 5min，观察结果。

3. 结果

两液叠面产生白色环者为阳性反应，白色环越宽，密度越大，表示蛋白质含量越高。按含量的多少，可用 +、++、+++ 表示。

（二）磺柳酸试法（也称磺基水杨酸法）

1. 原理

在酸性溶液中，磺柳酸的酸根（阴离子）与蛋白质氨基酸残基的阳离子部分结合，生成不溶解的蛋白质盐沉淀。

2. 操作方法

（1）试管法：取 2 支试管，各加入 2mL 酸化尿液，然后一管加入 2 滴 20% 磺柳酸，另一管加入 2 滴蒸馏水，待静置 3～5min 后观察结果。如测定管出现浑浊、呈毛玻璃状不透明者为阳性。

（2）载玻片法：取 1～2 滴酸化尿分别滴于载玻片的两端，然后滴加 1 滴 20% 磺柳酸于一端尿液上，另一端尿液内滴加 1 滴蒸馏水，3～5min 后，在黑色的背景下观察结果。

3. 结果

如有蛋白质存在，即产生白色浑浊，蛋白质越多，浑浊度越大。

注意：这个方法比较灵敏，尿中有酮体、尿酸等会儿出现假阳性。故最好用作过筛试验，如出现阳性，再用煮沸醋酸法确定。

（三）煮沸醋酸法

1. 原理

加热可使蛋白质凝固变性，因此含蛋白质的尿液煮沸时出现白色浑浊。加热后，磷酸盐或碳酸盐也会使尿液呈现白色浑浊，但遇醋酸后被溶解而除去。

2. 试剂

10% 醋酸。

3. 操作方法

取 1 支小试管，放 2/3 管被检弱酸性尿，用手指夹住试管底部，将试管上部尿液斜置在酒精灯火焰上，直接加热煮沸即止。直立试管，随即在黑色背景下观察，尿液煮沸部是否比未煮沸部浑浊。如果显浑浊再滴入 10% 醋酸溶液 3～5 滴，观察尿液情况，如浑浊消失为磷酸盐物质，如不消失，反而使浑浊加重，证明尿液内含有蛋白质，根据浑浊程度可用下列符号报告。

－：仍清晰不见浑浊，证明尿液内无蛋白质。

±：仅在黑色背景下可见轻度浑浊，仅有极微量，约 0.01g/100mL 以下。

+：白色浑浊、但无颗粒状及絮片状沉淀物，微量，0.01～0.05g/100mL。

++：明显白色浑浊、絮片状无沉淀，少量，约 0.05～0.2g/100mL。

三、尿中潜血检查

（一）邻甲联苯胺法

1. 原理

尿液中的血红蛋白所含的铁质有类似过氧化氢酶的作用（但并非酶，因为被煮沸后，仍有触酶作用，若除去铁质则触酶作用消失），它可使过氧化氢分解产生新生态氧，使邻甲联苯胺氧化成蓝色的邻甲联苯胺蓝。

2. 操作方法

重叠法：取1支小试管，加入1mL联苯胺冰醋酸饱和溶液，再加入1mL 3%过氧化氢混匀，沿管壁缓慢滴加尿液，便两液面重叠。在两液接触面上出现绿色或蓝色环为阳性反应。根据颜色深浅可做如下报告：

++++：立即出现黑蓝色。

+++：立即显深蓝色。

++：1min内出现蓝绿色。

+：1min以上出现绿色。

-：3min以后仍不出现颜色反应。

（二）1%邻甲联苯胺法

1. 点滴法

即在凹滴板上加入试验样本2滴，2滴显色剂，2滴过氧化氢，呈蓝色即为阳性。

2. 乙醚提取法

在标本上加入等量乙醚（如为粪便先与蒸馏水作1∶3稀释），振摇吸取乙醚层，再用点滴法做试验。

（三）临床意义

尿潜血阳性，见于各种原因引起的泌尿器官出血、一些溶血性疾病、牛血红蛋白尿等。

四、尿中葡萄糖检查

使用还原法。

1. 原理

葡萄糖含有醛基，在热碱性溶液中，能将硫酸铜（二价）还原为黄色的氧化亚铜。

2. 操作方法

取 2mL 班氏试剂于试管内，加热煮沸（如无沉淀且颜色不变者方可应用），再加入被检尿液 0.2mL，继续在沸水中水浴或火焰上煮沸 1～2min，密切注意，防止液体溅出管外。煮沸过程中应注意观察反应情况，根据颜色变化用符号或文字报告。

－：无糖，经煮沸及自然冷却后试剂仍为清澈无沉淀。

＋：微量，0.5g/100mL 以下，煮沸时无变化，仅在冷却后有少量绿色沉淀物。

＋＋：少量，0.5～1.0g/100mL，煮沸 1min 即显少量黄绿色沉淀。

＋＋＋：中量，1～2g/100mL，煮沸 10～15s 即出现土黄色沉淀。

＋＋＋＋：大量，2g/100mL 以上，开始煮沸时即显棕红色沉淀物。

3. 注意事项

如尿液内有蛋白质，会成为铜的保护胶体而影响沉淀；尿液内含有大量链霉素、水杨酸钠、维生素 C 也会使之显假阳性反应；尿液内如有多量尿酸盐，也会影响结果的判定。

尿液与班氏试剂的比例是 1∶10，若尿液量过多，尿液中其他还原物质呈现还原作用，易产生假阳性。

4. 临床意义

尿液中葡萄糖阳性见于肾脏疾病、脑神经疾病以及一些内分泌腺机能亢进。

五、尿中酮体的检查

（一）硝普钠环状试验

1. 原理

酮体中的乙酰乙酸及丙酮，在碱性条件下与硝普钠作用，生成紫红色。

2. 试剂

5% 硝普钠，冰醋酸，浓氨水。

3. 操作方法

取 1 支小试管，先加 2～3mL 尿液，随即加入 5% 硝普钠 0.2～0.3mL，和 0.5mL

冰醋酸混合，沿试管壁缓慢滴加浓氨水，使两液重叠，观察结果。

4. 结果

两液叠面有紫红色环者为阳性，紫红色环深浅不等，可判定酮体含量的多少。

（二）酮粉法

取酮粉粉末少许，置于白瓷凹滴板内，再加 1 滴被检尿，10min 后如出现紫红色者为阳性反应。

六、尿胆原检查

1. 原理

尿胆原在酸性溶液中与对苯二甲氨基苯甲醛发生醛化反应面生成红色化合物，此醛化反应与尿胆原所含吡咯环有关。

2. 操作方法

（1）试验用的尿液不能含胆红素，如含有胆红素应先除去。可在 1 份新鲜尿液内加 4 份 10% 氯化高铁液或氯化钡液，离心沉淀或过滤，除去胆红素。

（2）取新鲜无胆红素尿 1mL 或除去胆红素的尿液 5mL，置于中试管中，加入尿胆原醛试剂 10 滴，混匀，室温下静置 5min。

（3）直持试管，在自然光线下，自管口向管底观察，在管底部衬以白纸则色泽更为明显。

3. 结果

（1）含量正常：稍显淡红色。

（2）含量增加：显红色，根据色泽深浅和反应速度不同，可区分为轻度增加（加试剂 1min 后显淡红色）、中度增加（加试剂 1min 后显红色）、重度增加（加试剂后即显樱红色）。

（3）含量减少：在 20℃ 左右室温下不显红色。

4. 注意事项

（1）被检尿液必须新鲜，避免阳光照射，否则尿胆原会氧化成尿胆素。尿液腐败可出现假阳性。

（2）试验前，必须除去尿中的胆红素，否则加入试剂后会产生绿色。

（3）本试验显色的速度和深度受温度影响很大，一般在20℃左右做试验，如室温过低，必须加温。

（4）碱性尿加入试剂后，能产生黄色浑浊，此时应加稀盐酸使成酸性，以免产生浑浊。

（5）尿内如有酮体存在，可出现阳性反应，此时应加入戊醇进行鉴别。加入戊醇后呈绿色，是酮体所致，呈红色则为尿胆原。

（6）尿中含甲醛、乌洛托品、吡啶或磺胺类药物时，可妨碍本反应的发生或出现假阳性。

（7）服用大量广谱抗生素，能干预肠道细菌将胆红素转变为尿胆原，而使尿中尿胆原含量明显减少。

5. 临床意义

胆汁进入肠道后，胆红素被肠道内的细菌还原成无色的粪胆原及尿胆原，一部分尿胆原被肠壁吸收而进入门脉循环。被吸收的尿胆原，在正常情况下大部分由肝脏再转化为胆红素，排泄于胆汁内；少部分可通过肝脏而进入血液循环，经肾脏从尿液排出，故正常尿中含少量的尿胆原。

尿内尿胆原增加，见于肝脏功能障碍，如实质性黄疸、肝炎、肝硬化等；热性病，如肺炎、肺脓肿、子宫炎等；体内红细胞破坏过多，如溶血性黄疸、幼驹溶血病、血孢子虫病、血斑病、内出血等；中毒，如四氯化碳中毒、二硫化碳中毒等。

尿内尿胆原减少（或缺乏），见于阻塞性黄疸；肾脏疾病，如肾萎缩。

七、尿胆红素检查

使用碘环试验。

1. 原理
碘与尿中的胆红素反应，氧化生成胆绿素，可出现绿色环。

2. 操作方法
取新鲜被检尿 2mL 注入试管中，再沿管壁缓慢加入 2mL 稀碘液。如果碘液沉至尿液底部时，可加入适量氯化钠使其比重增加，而使碘液浮于尿液表层。

3. 结果

轻弹试管，使两液接触面略有振动，如尿液内含有胆红素，则在两液接触面出现绿色环。

4. 注意事项

（1）此法操作简单，反应比较灵敏可靠，但反应速度缓慢，必须观察 5～10min。

（2）稀碘液也可用 0.5%～1% 碘酊代替。但碘液浓度不可过高，否则碘色可遮盖胆红素氧化后的绿色环，以致辨色困难。

5. 临床意义

正常尿中仅有极微量的胆红素，一般方法不易检出。若尿中检出胆红素，表示胆汁自十二指肠排出障碍，见于阻塞性黄疸，肝实质损伤的肝细胞性黄疸，磷氟化碳、四氯化碳中毒等。

思考题

常用的尿液化学检查有哪些内容？怎样进行？

实验三十三　动物彩色多普勒超声诊断仪的使用

实验目的及要求

了解动物彩色多普勒超声诊断仪的使用操作方法，为临床应用打下基础。

实验器材

大为医疗（T6-VET）动物彩色多普勒超声诊断仪（见图33-1）、耦合剂、纸巾、一次性乳胶手套。

图33-1　动物彩色多普勒超声诊断仪

实验内容

动物彩色多普勒超声诊断仪的使用方法如下。

（1）打开电源开关（见图33-2）。

（2）动物彩色多普勒超声诊断仪显示菜单界面（见图33-3）。

图 33-2　打开电源开关　　　图 33-3　菜单界面

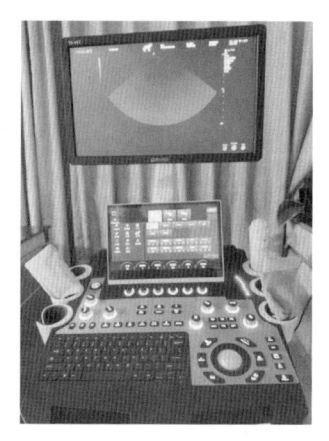

（3）根据要探测的部位选择体位（见图33-4）与器官（见图33-5）探头类型：微凸探头（见图33-6），测量肝胆脾肺肾；线性探头（见图33-7），测量浅表器官；心脏探头（见图33-8），测量心脏。根据要探测的脏器，在探头选择界面选择探头类型（见图33-9）。

（4）选择好探头后进行检测。

（5）图33-10为单幅对照结果。

（6）图33-11为双幅对照结果。

图 33-4　体位选择界面　　　图 33-5　器官选择界面

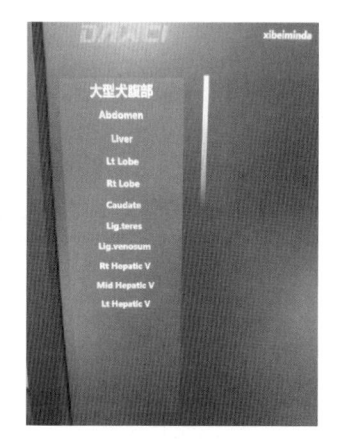

实验三十三　动物彩色多普勒超声诊断仪的使用　193

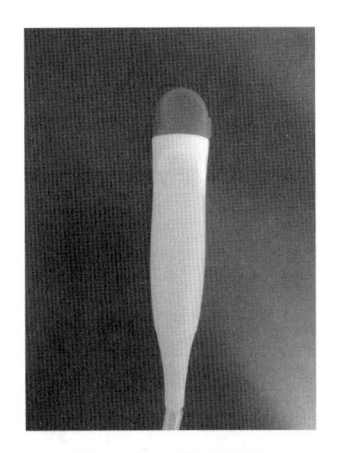

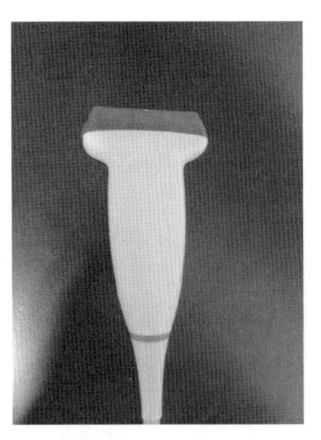

图 33-6　微凸探头　　　　图 33-7　线性探头　　　　图 33-8　心脏探头

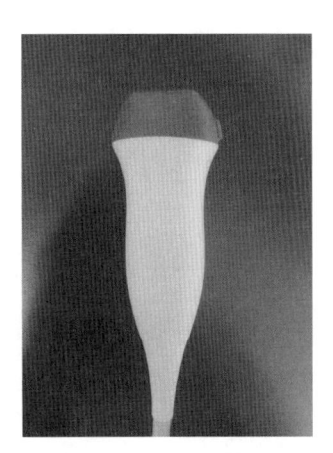

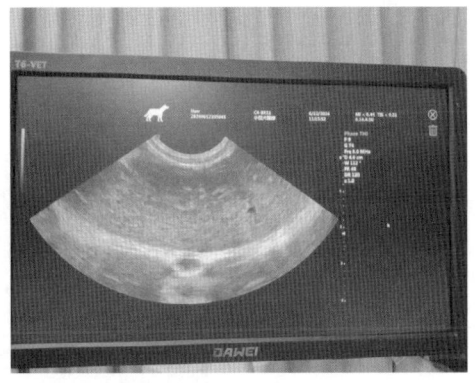

图 33-9　探头选择界面　　　　　　　图 33-10　单幅对照结果

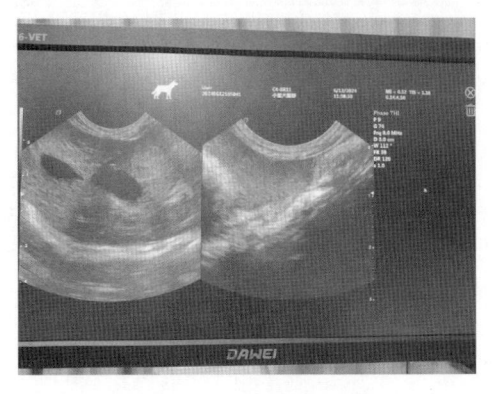

图 33-11　双幅对照结果

（7）图 33-12 为彩色多普勒结果。

（8）对测量面积进行标记（见图 33-13）。

（9）检查完后，返回主菜单界面，关机

（10）用纸巾将探头擦拭感觉，复位保存。

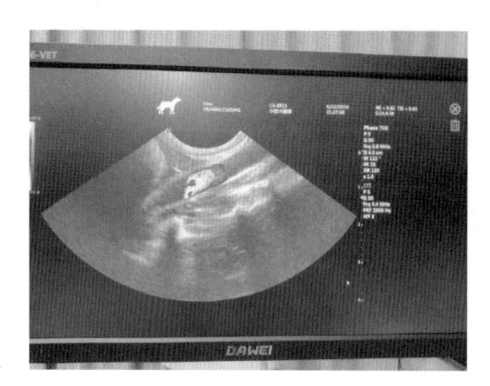

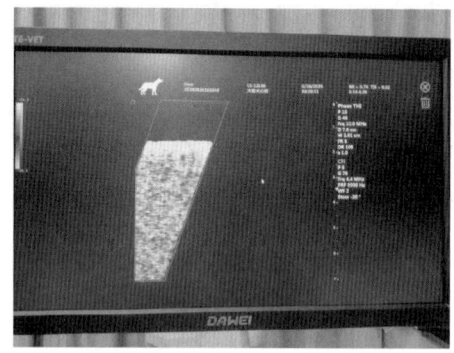

图 33-12　彩色多普勒结果

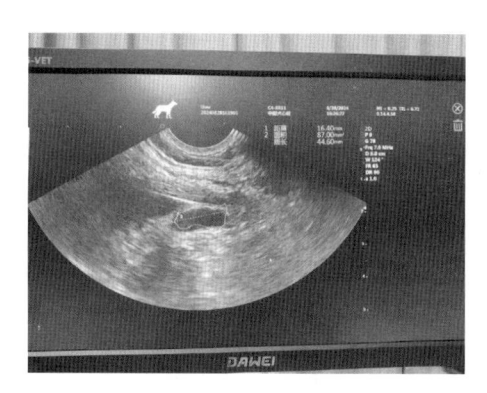

图 33-13　测量面积

思考题

简述动物彩色多普勒超声诊断仪的使用操作方法以及应用过程应注意什么问题。

实验三十四　X 光机的使用

实验目的及要求

熟悉 X 光机的使用，为临床应用打下基础。

实验器材

F50mAX 光机。

实验内容

一、X 光机的主要部件

荧光屏组件、X 射线发生器、运载架组合件、底座、控制箱及附件箱、遥控发射器、脚开关。

二、透视的使用操作

首先检查电源调节开关、千伏调节开关、透视毫安调节开关是否都在最低位置。

（1）透视前应先做好充分的暗适应，透视时不得超过规定容量。

（2）将透视/摄影、毫安选择开关置于"透视"位。

（3）接通电源开关。

（4）调节电源调节开关使电压表刻度指于 220V 处。

（5）调节千伏调节开关到所需要的千伏值。

（6）踏下脚开关，观察毫安表，并将透视毫安调节开关旋到所需要的毫安值，在荧光屏上可做病理诊断。

观察荧光屏，若 X 光野不在荧光屏中心而有偏移，可根据 X 射线发生器上角度标尺的指示调节基准轴位置。

一般情况，透视时累计达 5min 则线路自动中断。

（7）透视完毕，将电源开关放在"O"的位置。将所有的开关旋到最低位置。

三、摄影的使用操作

（1）将透视/摄影、毫安选择开关置于"30mA"或"50mA"的位置。

（2）接通电源开关。

（3）调节电源调节开关使电压表刻度指于 220V 处。

（4）调节千伏调节开关到所需要的摄影千伏值。

（5）将时间选择开关调节到所需要的摄影时间值。

（6）按下手开关或遥控器，摄影即开始，观察毫安表刻度。

（7）摄影完毕后，将电源开关放在"O"的位置。将所有的旋钮旋到最低位置。

注意：进行摄影时，不能调节电源电压或千伏值。

四、维护与保养

为延长机器的使用寿命和操作者的安全，用户除掌握 X 光机的电路原理和基本操作等知识外，还应经常对 X 光机进行保养和维护工作。必须注意以下有关事项：

（1）X 光机忌潮湿、高温和日光曝晒。

（2）X 射线发生器长期未用或更换新 X 射线机头时，用前必须进行训练。

（3）在操作过程中应小心谨慎，避免撞击。

（4）X 射线发生器在使用中发现有异常响声应停止使用，及时同厂方联系，免得造成严重损坏。

（5）在透视摄影操作时，严禁旋动千伏调节开关。

（6）钢丝绳需两年更换一次。

思考题

如何使用 X 光机？在使用过程中应注意什么问题？

实验三十五　胸腔腹腔穿刺液的检查

实验目的及要求

了解胸腔穿刺和腹腔穿刺的部位和操作要领，掌握穿刺液的检查内容和方法。

实验动物

牛、猪若干。

实验器材

显微镜、3～4cm长带胶管的16号针头、细套管针或粗静脉注射针头、100mL量筒、冰醋酸。

实验内容

正常胸腔腹腔内有少量液体，一般无色透明、无臭味，如大量流出则证明是胸腔腹腔积液，首先应判断是漏出液还是渗出液。

一、李凡他反应

主要检验积液中蛋白质含量情况，因渗出液中含有多量的黏蛋白，此反应为阳性，而漏出液黏蛋白含量较少，此反应为阴性。在100mL量筒中加入蒸馏水到100mL刻度处，然后滴入一滴冰醋酸，充分搅拌均匀，再滴一滴穿刺液，即可见到有白色云雾状或絮状沉淀物，白色沉淀物沉降到80mL刻度仍不消失，为阳性反应，若沉降不到80mL刻度则消失者为阴性反应。

二、穿刺液的显微镜检查

取新鲜未凝固的穿刺液,直接置于血细胞计数室内计数,先计数 9 个大方格内细胞数,然后除以 9,再乘 10 即得 1mm³ 穿刺液中的细胞数。

若进行细胞分类,可将新鲜的穿刺液,经离心后,弃去上清液,取其沉淀物涂片,用瑞氏染液染色后镜检分类。

若细胞总数增多,且有多量嗜中性粒细胞,一般为急性炎症。若淋巴细胞大量出现,多为慢性炎症。若细胞大量且不规则,且体积较大,常见有空泡、核仁和核分裂等现象,可能为肿瘤细胞。

三、渗出液与漏出液的鉴别(见表 35-1)

若为腹腔液还应注意检查穿刺液的混合物,若穿刺液内有粪液,可能穿刺到肠管,或胃肠破裂;若穿刺液内有大量血液且有凝块,可能为肝、胆破裂;若穿刺液为红色液体,可能为肠扭转或胸系膜动脉栓塞所致;若穿刺液内有尿臭味,加热后尿臭味更浓,可能为膀胱破裂所致。

表 35-1 渗出液与漏出液的鉴别

项目	渗出液	漏出液
原因	炎症性	非炎症性
相对密度	1.018 以上	1.015 以下
李凡他反应	大多数为阳性	常为阴性
凝固性	易凝固	不易凝固
蛋白质含量	常在 3% 以上	常在 3% 以下
纤维素	多量	微量
细胞	多量且以嗜中性粒细胞为主	少量为组织细胞和淋巴细胞
细菌	有	一般无菌

思考题

渗出液与漏出液的鉴别要点有哪些?

实验三十六　金属探测仪的使用

实验目的及要求

掌握金属探测仪和网胃取铁器等现代化诊疗器械的使用方法以及注意事项。

实验器材

SZ-IA 型、SZ-IZ 型金属探测仪，网胃取铁器。

实验内容

一、实验原理

1. SZ-IA 型金属探测仪工作原理

临床检查患病动物疑为创伤性网胃炎，为了确诊是否食入金属异物，核对临床检查正确与否，可以应用 SZ-IA 型电子金属探测仪进行探测。

2. SZ-IZ 型金属探测仪的工作原理及技术性能

（1）工作原理：金属物体在交变磁场中能产生涡流，涡流形成的电磁场，导致原电磁场的减弱，利用此微弱的变化给予放大，便可探知金属物的存在。

（2）技术性能：SZ-IZ 型探测灵敏度高：用标准试验棒（直径 1.5mm，长 60mm 的铁丝），距离 60～90mm 时，仪表指示 ≥ 30 刻度；距离 180mm 处 ≥ 2 刻度。

探头工作频率 50Hz，工作电压 220V，工作电流 0.5A。工作环境温度 -30℃～40℃，相对湿度 ≤ 85%。

二、金属探测仪的使用方法

1. 仪器调整

（1）将电源插头及信号输入插头分别与机身接通，打开电源开关，此时电源指示灯亮。

（2）打开探头开关，将灵敏度旋钮向左扭，以降低灵敏度，此时若指针不在零处可反复调节调零电位器旋钮，使指针回到左端。适当调高灵敏度，再细调调零电位器旋钮，使指针尽量靠近左端仪表零处。

2. 探测方法

将探头贴于动物两胃区体表，上下、左右移动，再用探柄也作同样的操作，在移动中探测到指针摆动最大处，将探头（或探柄）离开畜体由远而近，反复几次，指针均出现摇动，即证明探测处有铁质金属异物存在。

3. 注意事项

（1）本仪器探头用于探测与动物体表切线垂直的金属异物。探柄用于探测与动物体表切线平行的铁质金属异物。探测中要相互结合应用。

（2）探测现场不应有铁质金属物存在，以防误诊。

（3）探测结束时，应及时关闭电源，仪器应经常保持清洁和干燥，以免影响准确度。

（4）探头最大可连续工作 30min；仪表可连续工作 6h。

（5）只可探测金属类异物，对于竹片、木片等引起的创伤性网胃炎则无能为力，得靠一般临床检查辅助诊断。

三、网胃取铁器的临床应用

对怀疑食入铁器的牛，用金属探测仪进行临床检查，证明探测处有铁质金属异物存在时，可应用网胃取铁器做治疗试验。

1. 网胃取铁器的使用方法

先将连接磁探头的钢丝绳穿过直径 30mm、长 1.5m 的聚乙烯塑料管，然后再套入直径 60mm、长 80cm 的金属筒，调节金属筒上的滑环——环上有一对固定柱。最后将金属套筒内带有磁铁探头的塑料管送入食道，直到网胃（或只将塑料管送至贲门部前方），再向牛胃送钢丝绳，利用牛的自行吞咽和磁头的自身重量，使磁头垂入网胃。一般要让磁头在网胃中停留 1～2min，使磁铁能在网胃蠕动下充分活动，以便搜寻、吸附网胃内的铁器（最好能让牛上、下坡行走几十米，让磁铁更充分地在网胃中活动）之后，拉出取铁器，检查磁头上的吸附物，同时肌肉注射抗生素消炎。

2. 注意事项

（1）用磁铁取铁器取出金属异物，不一定一次成功，可能要反复多次。

（2）做此治疗试验的家畜最好禁食，多给饮水，使胃内容物量少稀薄。磁铁取铁器停留时间可长达几十分钟，便于搜寻、吸附住网胃内的铁器。

（3）如金属探测仪证明探测处有铁质金属异物存在，而用磁铁取铁器无效时，说明金属异物过大，或已刺入胃壁较深，或已扎入心包等原因造成，遇此情况需及时进行手术治疗。

思考题

创伤性网胃炎如何诊断和治疗？

实验三十七　处方的开具与书写

实验目的及要求

（1）掌握兽医处方的书写规范。
（2）熟悉兽医处方笺的样式，理解兽医处方及处方笺在疾病诊疗中的作用与意义。

实验动物

临床病畜4头（只）。

实验器材

保定器械、听诊器、叩诊器、病历夹、处方签、体温计及常用诊疗设备等。

实验内容

一、兽医处方格式及应用规范

1. 基本要求

（1）本规范所称兽医处方，是指执业兽医师在动物诊疗活动中开具的，作为动物用药凭证的文书。

（2）执业兽医根据动物诊疗活动的需要，按照兽药使用规范，遵循安全、有效、经济的原则开具兽医处方。

（3）执业兽医师在注册单位签名留样或者专用签章备案后，方可开具处方。兽医处方经执业兽医师签名或者盖章后有效。

（4）执业兽医师利用计算机开具、传递兽医处方时，应同时打印出纸质处方，其格式与手写处方一致；打印的纸质处方经执业兽医师签名或盖章后有效。

（5）兽医处方限于当次诊疗结果用药，开具当日有效。特殊情况下需要延长有效期的，由开具兽医处方的执业兽医师注明有效期限，但有效期最长不得超过3天。

（6）除兽用麻醉药品、精神药品、毒性药品和放射药品之外，动物诊疗机构和执业兽医师不得限制动物主人持处方到兽药经营企业购药。

2. 处方笺格式

兽医处方笺规格和样式由农业部规定，从事动物诊疗活动的单位应当按照规定的规格和样式印制兽医处方笺或者设计电子处方笺。兽医处方笺规格如下：

（1）兽医处方笺一式三联，可以使用同一种颜色纸张，也可使用三种不同颜色纸张。

（2）兽医处方笺分为两种规格：小规格为长210mm、宽148mm；大规格为长296mm、宽210mm。

3. 处方笺内容

兽医处方笺内容包括前记、正文、后记三部分，要符合以下标准。

（1）前记：对个体动物进行诊疗的，至少包括动物主人姓名或者动物饲养单位名称、档案号、开具日期和动物的种类、性别、体重、年（日）龄。

对群体动物进行诊疗的，至少包括饲养单位名称、档案号、开具日期和动物的种类、数量、年（日）龄。

（2）正文：包括初步诊断情况和Rp。Rp应分别列兽药名称、规格、数量、用法、用量等内容；对于食品动物还应当注明休药期。

（3）后记：至少包括执业兽医签名或盖章和注册号、发药人签名或盖章。

4. 处方书写要求

（1）动物基本信息、临床诊断情况应当填写清晰、完整，并与病历记载一致。

（2）字迹清楚原则上不得涂改；如需修改，应当在修改处签名或盖章，并注明修改日期。

（3）兽药名称应当以兽药国家标准载明的名称为准。兽药名称简写或者缩写应当符合国内通用写法，不得自行编制兽药缩写名或使用代号。

（4）书写兽药规格、数量、用法、用量及休药期要准确规范。

（5）兽医处方中包含兽用化学药品、生物制品、中成药的，每种兽药应当另起一行。

（6）兽药剂量和数量用阿拉伯数字书写。剂量应当使用法定剂量单位：质量以千克（kg）、克（g）、毫克（mg）、微克（μg）、纳克（ng）为单位；容量以升（L）、毫升（mL）为单位；有效量单位以国际单位（IU）、单位（U）为单位。

（7）片剂、丸剂、胶囊剂以及单剂量包装的散剂、颗粒剂以 g 或 kg 为单位；单剂量包装的溶液剂以支、瓶为单位，多剂量包装的溶液剂以 mL 或 L 为单位；软膏剂乳膏剂以支、盒为单位；单剂量包装的注射剂以支、瓶为单位，多剂量包装的注射剂以 mL 或 L、g 或 kg 为单位，应当注明含量；兽用中药自拟方应当以剂为单位。

（8）开具处方后的空白处应当画一斜线，表示处方完毕。

（9）执业兽医师注册号可采用印刷或者盖章方式填写。

5. 处方的保存

（1）兽医处方开具后，第一联由从事动物诊疗活动的单位留存，第二联由药房或者兽药经营企业留存，第三联由动物主人或者饲养单位留存。

（2）兽医处方由处方开具、兽药核发单位妥善保存两年以上。保存期满后，经动物所在单位主要负责人批准、登记备案，方可销毁。

二、制作兽医处方笺样式（见图 37-1）

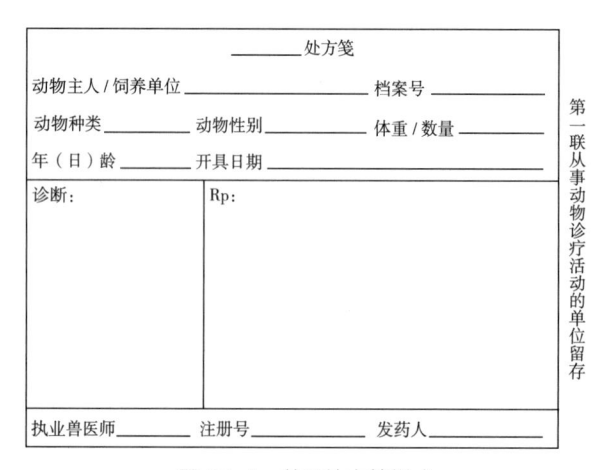

图 37-1　兽医处方笺样式

三、临床病例诊断及处方开具

1. 患病动物登记

（1）通过问诊或检查手段，准确记录患病动物的相关信息，包括动物种类、品种、年（日）龄、体重、数量、性别等。

（2）通过问诊的方式，了解动物主人的相关信息，包括姓名、单位、联系方式等。

2. 临床病例诊断

（1）病史调查：询问病史，包括发病的时间、地点，病程的长短，主要症状表现，可能的病因，治疗情况，用药情况及疾病发展趋势等。

（2）临床检查：应用基本临床检查方法，如问诊、视诊、听诊、触诊、叩诊和嗅诊，搜集临床症状，并结合病史做出初步诊断。

（3）实验室检查：必要时可做适当的实验室检查，如血常规、尿常规、镜检以及快速诊断试纸等，进一步确诊。

（4）特殊检查：必要时，可进行 X 光、超声或内窥镜等影像设备检查，为进一步确诊提供依据。

3. 处方开具

（1）自行设计一个动物诊疗机构的名称，填写于表头的空白处。

（2）填写患病动物的基本信息及其饲养员或主人的相关信息，并注明处方开具日期。

（3）给出初步诊断或确诊结果，不能准确诊断的，可写出主要临床表现替代诊断结果。

（4）按照处方开具要求，开出处方，特别要注意药物的剂型、剂量和使用方法，其中剂量的书写要符合规范。

（5）处方开好后，要据实签名，并根据相关规则自行编写注册号，填于相应的空白处；发药人可找同组的同学审核并签字。

思考题

（1）制作处方笺并开具规范处方。

（2）处方在疾病诊疗中有什么作用？

作者简介

杨　琨

教授，2015年于甘肃农业大学兽医学专业获得农学博士学位。现就职于西北民族大学生命科学与工程学院，担任动物医学专业负责人，主要研究方向为兽医学。

在从事兽医学教学与科研工作的10年中，积累了深厚的理论功底和丰富的实践教学经验。目前主持完成国家自然科学基金项目1项，省级科研项目3项；在animals、《畜牧兽医学报》等SCI/CSCD核心期刊发表论文30余篇；获国家发明专利1项，实用新型专利12项。获2023年度甘肃省高等学校青年教师成才奖，入选2024年度国家民委青年拔尖人才。

E-mail: 186152592@xbmu.edu.cn